우리 디저트

떡·한과·음청류

우리 디저트

떡 · 한과 · 음청류

이현정 · 노영옥 · 김경희 · 장호선 지음

교문사

책
머
리
에

떡은 곡식의 가루를 찌거나, 쪄서 치거나, 빚어 찌거나, 빚어 삶거나, 지져서 만들어 먹는 음식입니다. 본격적인 농경시대가 전개되면서 쌀을 중심으로 한 곡물의 생산량이 증대되었고 그 결과로 쌀과 그 외의 곡물을 이용한 떡이 발전하고 다양해졌습니다. 고려시대에는 불교문화의 영향으로 차를 마시는 문화가 발달하여 그와 함께 곁들여 먹는 떡과 한과가 매우 발달하였습니다. 조선시대에는 농업기술과 음식의 조리 및 가공기술이 발달하여 떡의 종류가 한층 더 다양해지고, 유교가 사회 깊숙이 뿌리를 내리면서 혼례, 빈례, 제례 등의 관혼상제와 대·소 연회에 떡이 필수적인 음식으로 자리 잡게 되었습니다.

그러던 것이 현대사회로 접어들면서 서양 빵과 과자에 밀려 전통떡과 한과는 그 수요가 눈에 띄게 줄어 명절이나 결혼식 같은 특별한 때에만 찾는 음식이 되어버렸습니다. 그러나 최근 들어 건강한 식생활에 대한 관심이 커짐에 따라 전통떡과 한과가 다시 주목을 받고 있습니다. 곡류·두류·견과류·채소류·향약재 등 다양한 식재료의 사용으로 그 종류가 매우 다양하고, 또한 건강한 음식이라는 인식이 높아져 의례음식으로서뿐만 아니라 건강한 한국식 디저트로도 점차 많은 사람들이 찾게 된 것입니다.

이렇게 건강과 멋을 생각하는 소비자들의 요구에 조금이나마 부응하기 위해 이 책에서는 전통떡과 한과, 음청류 그리고 퓨전떡과 창업떡까지 가정에서 쉽게 만들어 먹을 수 있도록 조리법을 제공하고 동시에 창업에도 도움을 드리고자 하였습니다. 부족함이 많지만 넓은 마음으로 양해해 주시기를 바라며, 앞으로도 새롭고 다양한 떡과 한과의 연구와 개발로 조금이나마 전통을 유지하고 발전시키는 데 도움이 되고자 합니다.

마지막으로 바람 불고 시린 날에도 부족한 재료를 가져다 주고 꽁꽁 언 얼음길을 지나 방앗간을 수시로 다니며 쌀가루를 만들어 온 이선영 님, 늦은 밤 재료가 떨어져 도움을 청하면 마법처럼 필요한 것들을 척척 가져다준 곽가연 실장님, 흔쾌히 작업장을 빌려주며 쌀쉬폰과 마들렌을 멋지게 만들 수 있도록 도와준 이경희 파티쉐님, 제자 박남순 님께 깊은 마음으로 감사를 드립니다.

그리고 이 책을 간행해 주신 교문사 편집부에도 감사드립니다.

2016년 3월
저자 일동

전통떡 · 한과 · 음청류 만들기

퓨전떡 · 창업떡 만들기

전통떡·한과· 음청류 살펴보기

떡

떡의 정의와 역사

떡이란 곡식의 가루를 내서 그것을 찌거나, 쪄서 치거나, 빚어 찌거나, 빚어 삶거나, 지져서 먹는 음식이다. 그 어원을 살펴보면 '찌다'가 '떼기 → 떠기 → 떡'으로 변화한 것으로, 한자로는 병(餠), 이(餌), 고(糕)라 한다.

삼국시대 이전

삼국시대 이전에 이미 조, 피, 기장, 수수, 쌀을 재배했고, 함경북도 나진 초도패총 및 삼국시대 유적에서 갈돌(연석), 확돌이 발견되어 이 시기에 이미 곡물 가루로 떡을 만들어 먹었을 것으로 추측할 수 있다. 또한 고구려시대 유적인 황해도 안악 제3호 고분벽화와 황해도 양수리 벽화 등에서도 시루에 음식을 찌고 있는 모습이 발견되었으며, 비슷한 시기 일본의 기록인 《정창원문서》〔일본 도다이지(東大寺) 정창원(正倉院)에 소장되어 있는 통일신라시대의 문서〕에는 돌판에 지진 전병(煎餠)에 관한 기록도 있어 삼국시대 이전에 이미 시루떡, 치는 떡, 지지는 떡을 만들어 먹었음을 알 수 있다.

삼국시대와 통일신라시대

권농시책과 함께 본격적인 농경시대가 전개되면서 쌀을 중심으로 한 곡물의 생산량이 증대되어 쌀과 그 외의 곡물을 이용한 떡이 발전하고 다양해졌다. 곡물의 도정·제분 용구인 절구와 디딜방아, 대형 맷돌이 등장하고 시루에 곡물을 쪄서 먹는 음식이 상용식으로 자리를 잡게 된다.

《삼국사기》 신라본기 유리왕 원년(298)에 "듣건대 성스럽고 지혜로운 사람은 이가 많다고 하니 시험을 하여 결정하자고 하여 두 사람이 떡을 깨물어 본 결과 유리의 치아 수가 더 많아 왕위에 올랐다"라고 하는 유리와 탈해의 왕위계승 관련 기록이 있어 당시 흰떡, 인절미, 절편 등의 도병류(搗餠類)가 있었음을 알 수 있다. 또한 《삼국유사》 가락국기에는 제향을 모실 때의 차림음식에 대한 기록에서 "조정의 뜻을 받들어 세시마다 술, 감주, 떡, 밥, 차, 과실 등 여러 가지를 갖추어 제사를 지냈다"라고 하여 제천의식에 떡이 중요한 의미를 차지하였음을 알 수 있다.

고려시대

고려시대는 농업기술의 발전으로 인한 양곡 생산량의 증대와 불교문화의 영향으로 차를 마시는 문화와 함께 떡이 매우 발달했다. 세시행사와 제사를 위한 음식만이 아닌 하나의 별식으로서 상류층뿐만 아니라 일반에 이르기까지 떡이 널리 보급되었다.

1765년 《해동역사》에는 "고려 사람들이 밤설기떡인 '율고'를 잘 만든다"고 칭송한 중국인의 견문이 소개되어 있고, 《거가필용》에 "고려율고", 이수광의 《지봉유설》에는 《송사(宋史)》를 인용하여 "고려에서 상사일(음력 3월 3일)에 '청애병(쑥떡)'을 으뜸가는 음식으로 삼았다"는 기록이 남아 있어 그 종류가 다양해졌음을 알 수 있다.

또한 이색의 《목은집》에는 "유두일에는 수단을 했고, 차수수로 전병을 부쳐 팥소를 싸서 만든 찰전병이 매우 맛이 좋았다"는 기록이 있어 고려 말에 단자류와 전병 등 떡의 종류가 다양해졌고 매우 발전되었음을 알 수 있다.

조선시대

농업기술과 음식의 조리 및 가공기술이 발달하여 떡의 종류가 한층 더 다양해지고, 유교가 사회 깊숙이 뿌리를 내리면서 혼례, 빈례, 제례 등 관혼상제와 대·소 연회에 떡이 필수적인 음식으로 자리 잡게 되었다.

초기에는 단순하게 곡물가루를 쪄서 익히는 식이었으나 점차 다른 여러 곡물을 배합하거나 부재료로 채소, 과일, 버섯, 야생초, 한약재, 견과류, 해조류 등을 사용하게 되었다. 또한 감미료로 조청, 꿀, 설탕을 사용하고 치자, 수리취, 승검초, 송기, 쑥, 연지, 오미자 등을 발색소로 사용하여 화려하고 다양한 떡이 개발되었다.

이때는 찌는 떡뿐만 아니라 치는 떡도 다양하게 발전했으며 경단 및 단자류도 새롭게 만들어지기 시작했다.

근대 이후

19세기 말 급속한 사회 변동으로 떡은 서양 빵에 밀리게 되었다. 생활 환경의 변화로 집에서 직접 떡을 해 먹는 일은 줄어들고 떡방앗간에서 사다 먹는 경우가 많아졌으며, 특별한 날 떡집에서 떡을 맞추어 쓰는 것이 일반화되었다.

그러나 시루떡류의 경우에는 콩버무리떡, 콩설기, 콩시루편, 쇠머리떡 등 그 종류가 다양해졌고, 거피팥시루떡이 처음 등장했다. 또한 인절미류는 차조로 만든 청정미인절미와 느티나무 잎을 넣어 만든 고엽찰떡이, 개피떡류는 송기개피·셋붙이떡·어름소편이, 경단 및 단자류로는 생률경단·감자경단·율무경단·팥단자·복숭아단자, 그리고 기존의 증편 사이에 팥고물을 끼워 봉오리로 만들어 찌는 방울증편이 등장하여 지금까지 강릉지방의 향토음식으로 전해지고 있다.

최근 들어 건강을 생각하는 현대인의 요구와 떡 산업 종사자들의 노력으로 다시 떡에 대한 관심이 점차 증가하고 있는 추세이다. 현대식 떡카페 등을 중심으로 작고 예쁘고 화려한 떡이 생겨나면서 젊은이들에게도 떡에 대한 새로운 인식을 제공하고 있는데, 이는 매우 고무적인 현상이다.

떡의 분류

떡은 만드는 방법에 따라 찌는 떡, 치는 떡, 지지는 떡, 삶는 떡으로 분류한다.

찌는 떡

찌는 떡〔시루떡, 증병(蒸餠)〕은 방법에 따라 설기떡(무리떡)과 켜떡으로 구분한다. 설기떡은 찌는 떡의 가장 기본으로 멥쌀가루에 물을 내려서 한 덩어리가 되게 찌는 떡이고, 켜떡은 멥쌀가루나 찹쌀가루를 이용해 고물을 켜켜이 쌓아 찐 떡이다.

찌는 떡의 주재료는 멥쌀과 찹쌀 등의 곡류로서 팥·콩·녹두·깨·감자·옥수수·조·메밀 등의 잡곡 및 두류를 곡류에 섞어 만든다. 부재료는 과일 및 견과류로 밤·대추·잣·감·호두·복숭아·살구 등이 쓰이고, 감미료는 꿀·설탕 등이 쓰인다.

치는 떡

치는 떡〔도병(搗餠)〕은 곡물을 곡립 상태나 가루 상태로 만들어 시루에 찐 다음 절구나 안반 등에서 친 것으로 흰떡, 절편, 차륜병, 개피떡, 인절미, 단자류 등이 있다.

주재료에 따라 찹쌀도병과 멥쌀도병으로 분류한다. 인절미는 통찹쌀이나 찹쌀가루를 쪄서 절구나 안반에 쳐서 썰어 고물을 묻혀 만들고, 단자는 찹쌀가루를 삶아 꽈리가 일도록 친 다음 속에 소를 넣고 둥글게 빚어 고물을 묻히는 방법과 친 떡을 적당히 썰어서 고물을 묻히는 방법, 또는 썰지 않고 가운데 소를 넣고 오무려서 동그랗게 만들어 고물을 묻히는 방법으로 만든다. 찹쌀가루에 섞는 재료에 따라서 석이단자·율무단자·쑥단자·은행단자·건시단자·유자단자·대추단자 등으로 불린다.

고물에는 날밤을 채로 치거나 삶아서 가루로 만든 밤고물, 대추를 채로 친 대추고물, 실백을 가루로 만든 실백고물, 석이를 가루내어 만든 석이고물, 계핏가루고물과 거피한 실깨고물 등이 쓰인다. 색색의 고물을 묻혀 만든 단자는 화려할 뿐만 아니라 잘 굳지 않아서 잔치에 많이 쓰인다. 1835년경 서유구가 펴낸 농업백과전서인 《임원십육지》에 "찹쌀·팥·밤·잣·꿀로 만든다"고 하여 처음 그 제법이 기록되어 있다.

멥쌀가루를 쪄서 치대어 둥글고 길게 뽑아낸 것이 가래떡, 떡살로 문양을 내어 썬 것이 절편이다. 개피떡은 멥쌀을 쪄서 친 것을 얇게 밀어 소를 넣고 반을 접어 반달 모양으로 찍어 공기가 들어가게 한 떡이다.

지지는 떡

지지는 떡〔전병(煎餠)〕은 찹쌀가루를 반죽하여 모양을 만들어 기름에 지진 떡으로 전병, 화전, 주악, 부꾸미 등이 있다.

화전은 익반죽한 찹쌀가루를 둥글넓적하게 만든 뒤 꽃잎을 붙여 기름에 지진 떡으로 봄에는 진달래꽃전·배꽃전, 여름에는 장미꽃전, 가을에는 국화꽃전·맨드라미꽃전 등이 있다. 주악은 찹쌀을 익반죽하여 깨, 곶감, 유자청 건지 등으로 만든 소를 넣고, 조약돌 모양처럼 빚어 기름에 튀긴 떡으로, 승검초주악, 은행주악, 대추주악, 석이주악 등이 있다. 부꾸미는 찹쌀, 차수수, 녹두 등을 물에 불렸다가 갈아서 익반죽하여 빚어 지진 뒤, 소를 넣고 반달처럼 접은 떡으로, 찹쌀부꾸미, 수수부꾸미, 결명자부꾸미 등이 있다.

삶는 떡

찹쌀가루를 익반죽하여 빚어서 끓는 물에 삶아 고물을 묻힌 떡으로 경단류와 떡수단이 있다.

경단은 찹쌀가루를 익반죽하여 둥글게 빚어 끓는 물에 삶아 여러 가지 고물을 묻혀 만든 떡으로 수수팥경단, 개성경단이 대표적이다. 떡수단은 유두일에 가래떡을 콩알 크기로 만들어 녹말가루를 묻혀 끓는 물에 삶아 건진 후 오미자물이나 꿀물에 넣어 먹는 것이다. 삶는 떡의 주재료는 찹쌀이며, 잡곡·두류·견과류 등이 부재료로 다양하게 쓰인다.

떡과 절식

우리나라는 농경국가로 철마다 명절을 만들어 뜻있게 보냈는데, 이것을 절일(節日)이라고 한다. 절일은 자연환경과 그 민족의 전통 생활양식에 의해 형성된 것으로 특별한 음식을 만들어 먹는 풍습이 있었다. 그중에서도 떡은 빠질 수 없는 매우 중요한 음식이었다.

설날

설날은 음력 정월 초하룻날인데, 농경의례와 민간신앙을 배경으로 한 우리민족 최대의 명절이다. 설날 음식 중 으뜸가는 것은 역시 흰 떡국이다. 흰 떡국은 멥쌀가루를 쪄서 안반에 놓고 떡메로 쳐서 길게 만든 가래떡을 둥글게 썰어 육수에 끓인 음식이다. 설날이 천지만물이 새로 시작되는 날이므로 엄숙하고 청결해야 한다는 뜻에서 깨끗한 흰 떡국을 끓여 먹게 되었다고 한다.

정월 대보름

정월 대보름은 상원(上元)이라고도 하는데, 일 년의 첫 보름이란 의미에서 특히 중요하게 여겨지고 있으며, 쥐불놀이·다리밟기·돌싸움·제웅치기·동냥곡식매달기 등 여러 가지 민속행사도 전해진다.

정월 대보름 절식으로는 묵나물(묵은 나물)·복쌈·부럼·귀밝이술 등과 함께 떡 종류에 속하는 약식이 중요한 음식으로 꼽힌다. 이날 약식을 만들게 된 것은 《삼국유사》에 따르면, 신라 소지왕 10년(488) 정월 대보름에 왕이 천천정(天泉亭)에 거동했을 때 날아온 까마귀가 왕의 생명을 구해주었으므로 이 날을 까마귀의 제삿날로 삼고 까마귀의 털색을 닮은 약밥을 만들어 그 은혜를 기리고자 한 데서 유래했다고 한다.

약밥은 후대로 내려오면서 사람들의 입맛에 맞도록 밤이나 잣 등 여러 가지 견과류와 꿀을 첨가해 정월 대보름 절식으로 즐겨 먹게 되었다.

중화절

2월 초하룻날을 중화절(中和節)이라 한다. 조선시대에는 이날 왕이 신하들에게 자〔尺〕를 내려 농업에 힘쓰게 했고, 민가에서는 볏가릿대에서 벼 이삭을 내려 커다란 송편을 빚어 노비의 나이 수만큼 먹는 풍속이 있었다. 이는 이때부터 본격적으로 농삿일이 시작되므로 노비들의 사기를 북돋우기 위함이었다. 따라서 이날 빚는 송편은 노비들에게 먹이기 위한 것이라 하여 '노비송편'이라 부르기도 하고, 2월 초하룻날 빚는 송편이라 하여 '삭일송편'이라 부르기로 했다.

삼짇날

삼짇날은 음력 3월 3일로, 이날에는 '화전놀이'라 하여 찹쌀가루와 번철을 들고 야외로 나가 그 자리에서 진달래꽃을 뜯어 진달래화전을 만들어 먹으며 즐겼다.

한식

동지에서 105일째 되는 날을 한식(寒食)이라 한다. 한식은 중국 진나라의 충신 개자추를 기리는 데서 유래했다고 전해진다. 개자추는 문공과 함께 생활하며 정성을 다해 그를 보필했는데, 후에 문공이 군주의 자리에 오른 뒤 그를 잊고 등용하지 않았다. 나중에 자신의 잘못을 깨달은 문공이 산 속에 은거한 개자추를 불러내기 위해 산에 불을 질렀는데, 끝내 나오지 않고 그대로 타 죽었다. 이에 사람들이 그를 애도하기 위해 찬 음식을 먹게 되었다는 데서 '한식'이란 이름이 붙여졌다고 한다.

한식날 음식으로는 한식면(寒食麵)이라 하여 메밀국수를 해 먹고, 떡으로는 쑥떡을 만들어 먹는다.

초파일

음력 4월 8일인 초파일은 부처님이 태어나신 날이라 하여 본래는 불가에서만 경축하다가 고려시대 이래로 일반인들도 명절로 지키게 되었다.

음식으로는 볶은 콩, 미나리나물 등과 함께 느티떡을 만든다. 음력 4월 8일경이면 느티나무에 새싹이 돋을 때이므로, 이것을 따다가 멥쌀가루에 섞어서 설기떡으로 찌는데, 이것이 느티떡이다. 또, 장미꽃으로 장미화전을 만들어 먹기도 하였다.

단오

단오는 음력 5월 5일로, 수릿날·중오절(重五節)·천중절(天中節)이라 부르기도 하는데 그네 뛰기·씨름 등의 민속놀이도 행해진다. 이날은 양수(陽數)가 겹치는 날이라 하여 인생의 생기 활력에 도움을 주는 날이라 믿어 명절로 삼아오고 있다.

단옷날의 떡으로는 수리취절편이 있는데, 멥쌀가루를 찐 다음 여기에 수리취를 섞어 많이 쳐서 떡살로 찍어 내는 떡이다. 떡살의 문양이 수레바퀴 형태라 하여 '차륜병(車輪餠)'이라고도 한다.

유두

음력 6월 보름을 유두일이라 한다. 유두(流頭)란 "흐르는 물에 머리를 감는다"라는 뜻으로 불길한 것을 씻어내기 위해 동쪽으로 흐르는 물에 머리를 감는 풍습이 있었다. 이날은 유두천신(流頭薦新)이라 하여 밀국수·떡·과일 등을 마련하여 아침 일찍 조상에게 제사를 지낸다.

유두일의 절식으로 더위를 잊기 위한 음료로서 꿀물에 둥글게 빚은 흰 떡을 넣어 수단을 만들고, 햇밀가루로 유두면을 만든다. 떡으로는 상화병과 밀전병을 만든다.

삼복

초복, 중복, 말복을 삼복(三伏)이라 한다. 이 기간은 가장 무더운 여름철에 해당하는 만큼 더위를 이겨 내기 위한 보신과 관련하여 만들어진 절일이다.

삼복의 음식으로는 개장국·육개장·삼계탕·임자수탕 등이 있고, 떡으로는 증편을 많이 만든다. 대부분의 떡은 쉽게 변할 우려가 있지만, 증편은 멥쌀가루를 술(막걸리)로 반죽하여 발효시켜 찐 떡이므로 쉽게 변하지 않기 때문이다. 또한 주악도 많이 만드는데 이 떡은 찹쌀을 익반죽하여 소를 넣고 빚어 기름에 튀긴 떡이므로, 증편과 마찬가지로 쉽게 상하지 않는다는 특징이 있다.

추석

음력 8월 15일을 추석 또는 한가위 또는 중추절(仲秋節)이라 한다. 가위·가배(嘉俳) 등으로도 불리는 이날은 설날과 함께 우리 민족의 2대 명절로 꼽힌다. 넉넉한 마음으로 술과 음식을 만들어 먹으며, 또 씨름 같은 민속놀이도 즐긴다.

추석의 대표적인 음식으로는 송편을 들 수 있는데, 이때의 송편은 이르게 익는 벼, 곧 올벼로 빚은 것이라 하여 '오려송편'이라 한다. 이 외에 인절미를 만들기도 한다.

중양절

중양절(重陽節)은 음력 9월 9일로 국화꽃잎을 섞어 빚어 두었던 국화주를 마시기도 하고, 떡으로는 국화꽃잎으로 국화꽃전을 만들어 먹고, 밤을 삶아 으깨어 찹쌀가루에 버무려 찐 밤떡을 만들어 먹기도 한다.

상달

10월을 일 년 중 첫째가는 달이라 하여 상달이라 한다. 10월 중 길일을 택해서 이때에는 마을과 집안의 풍요를 비는 뜻에서 마을에서는 당산제(堂山祭)를 지내고 집안에서는 고사를 지낸다. 고사를 지낼 때에는 백설기나 팥시루떡을 쪄 시루째 대문·장독대·대청 등에 놓고 집을 지킨다는 성주신에 빈다. 시루떡 외에 애단자(艾團子)와 밀단고(蜜團餻)를 만들어 먹기도 한다.

동지

양력으로 12월 22일, 23일경을 동지(冬至)라 하는데, 밤이 가장 긴 날이다. 이날은 팥죽을 쑤어 먹고, 대문에 뿌리거나 발라서 상서롭지 못한 것을 제거하기도 하였다. 또한 궁중 내의원에서는 추위를 이기기 위한 보양식으로 전약(煎藥)을 만들어 진상하는 풍속이 있었으나 특별히 떡을 만드는 풍속은 없었다. 다만 새알심을 만들어 팥죽 속에 넣어 먹는 풍속이 전해지고 있다.

납월

납향(臘享)하는 날인 납일이 들어 있다고 하여 납월(臘月)이라 한다. 사람이 살아가는 데 도움을 준 천지만물의 신령의 음덕을 기리는 의미로 제사를 지내는 날이다. 납향의 제물로는 멧돼지와 산토끼가 쓰였다.

납월의 절식으로는 골동반(비빔밥)·장김치 등이 있고, 떡으로는 골무떡이 전래되고 있는데, 이것은 멥쌀가루를 시루에 쪄서 꽈리가 일도록 쳐서 팥소를 넣고 골무 모양으로 빚은 떡이다.

통과의례와 떡

통과의례란 사람이 태어나서 죽을 때까지 반드시 거치게 되는 중요한 의례를 말한다. 이러한 의례날 상차림에는 떡이 반드시 올라가는데 이들 떡에 각기 의미를 부여하기도 하였다.

삼칠일

삼칠일은 아기가 태어난 지 21일째 되는 것을 축하하는 날이다. 그동안 아기에게 입혔던 쌀깃이나 두렁이를 벗기고, 비로소 옷을 갖춰 입혀 몸을 자유롭게 해준다. 또한 대문에 달았던 금줄을 떼어 외부인의 출입을 허용하고 산실(産室)의 모든 금기도 철폐한다. 따라서 이날은 가족과 친지들이 찾아와 아기의 탄생을 축하하고 산모의 노고를 축하하는 날인 것이다.

축하 음식으로는 흰쌀밥에 고기를 넣고 끓인 미역국과 백설기를 준비한다. 백설기에는 신성의 의미가 담겨 있다. 그런데 삼칠일의 백설기는 아기와 산모를 속인의 세계와 섞지 않고 산신의 보호 아래 둔다는 의미에서, 집안에 모인 가족끼리만 나누어 먹고 대문 밖으로 내보내지 않는 풍습이 있다.

백일

아기가 출생하여 백일이 되는 날을 축하하는 잔치이다. '백(百)'이라는 숫자에는 완전·성숙 등의 의미가 있으므로 아기가 이 완성된 단계를 무사히 넘기게 되었음을 축하하는 뜻으로 해석된다.

음식으로는 흰쌀밥과 고기를 넣고 끓인 미역국·푸른색의 나물 등이 오르고, 떡으로는 백설기·붉은팥고물 찰수수경단·오색송편이 오른다. 백설기는 신성의 의미가 있고, 붉은팥고물을 묻힌 찰수수경단은 아기로 하여금 액을 면하게 한다는 의미가 있다. 오색송편은 평상시에 만드는 송편보다 작은 모양으로 예쁘게 다섯 가지 색을 물들여 만드는데, 오색은 오행(五行), 오덕(五德), 오미(五味)와 같은 관념으로 '만물의 조화'라는 뜻을 담고 있다.

한편, 백일떡은 삼칠일의 떡과 달리 되도록 여러 집으로 돌려 나누어 먹는다. 백일떡은 백 집과 나누어 먹어야 아기가 무병장수하고, 또 큰 복을 받게 된다는 생각에서 비롯된 것이다. 따라서 백일떡을 받은 집에서는 빈 그릇을 그대로 돌려보내지 않고 흰 무명실이나 흰 쌀을 담아 보내는 풍속이 있다.

돌

생후 일주년이 되는 날을 돌이라 하며 돌상을 차려 축하한다. 돌상에는 아기를 위해 새로 마련한 밥그릇과 국그릇에 흰밥과 미역국을 담아 놓고 푸른색의 나물과 과일 등도 준비한다. 떡은 백일 때와 마찬가지로 백설기·붉은팥고물 찰수수경단·오색송편·무지개떡을 준비하고, 집안에 따라서는 대추·밤 등을 섞은 설기떡을 만들기도 한다.

이들 음식들과 함께 돌상에는 쌀·흰 타래실·책·종이·붓·활과 화살(여아일 경우 활과 화살 대신 가위·바늘·자를 놓음) 등을 놓고 '돌잡이'를 하여 어린이의 장래를 점쳐 보기도 한다.

책례

책례(冊禮)는 지금은 사라진 풍속 가운데 하나인데, 아이가 서당에 다니면서 책을 한 권씩 뗄 때마다 행하던 의례이다. 책례 의식은 어려운 책을 끝냈다는 축하와 격려의 뜻으로, 다른 음식과 함께 떡을 푸짐하게 만들어서 선생님과 친지들이 함께 나누었다. 이때 음식으로 만들어서 먹던 떡은 작은 모양의 오색송편이었다.

혼례

혼례는 남녀가 부부의 인연을 맺는 중요한 의식으로 육례(六禮)라 하여 여섯 단계로 되어 있었다.

이러한 혼례와 관련된 떡으로는 납폐의식에서 혼서와 채단이 담긴 함을 받을 때 신부집에서 만드는 봉채떡이 있다. 봉치떡이라고도 하는데, 찹쌀 3되와 붉은팥 1되로 시루에 두 켜만 안쳐 윗켜 중앙에 대추 7개를 둥글게 올린다. 이때 주재료를 찹쌀로 하는 것은 부부의 금실이 찰떡처럼 화목하게 잘 합쳐지라는 뜻이고, 붉은팥고물은 액을 면하게 한다는 의미가 담겨 있다. 또한 7개의 대추는 아들 7형제를 상징하며, 떡을 두 켜로 하는 것은 부부 한 쌍을 뜻한다.

또한 혼례식에 반드시 만드는 떡으로 달떡과 색떡이 있다. 이 떡들을 혼례를 행하는 의례상인 동뢰상(同牢床)에 올리는데 맨 앞줄에 대추, 밤, 조과를 각각 두 그릇씩 배설한 다음 그 뒷줄에 대두 두 그릇, 붉은팥 두 그릇, 달떡 21개씩 두 그릇을 놓고, 색편으로 암수 한 쌍의 닭 모양을 만들어 수탉은 동쪽에, 암탉은 서쪽에 각각 배설한다. 이때 만드는 달떡은 둥글게 빚은 흰 절편으로, 보름달처럼 밝게 빛나고 둥글게 채우며 잘 살도록 기원하는 의미가 담겨 있고, 색편은 여러 가지 색을 들여 만든 절편인데, 이것으로 만든 암수 한쌍의 닭은 부부를 의미한다.

회갑

혼례를 치르고 자식을 낳아 기르며 살아가다 나이 61세에 이르면 회갑을 맞는다. 회갑은 자기가 태어난 해로 돌아왔다는 뜻으로 '환갑(還甲)'이라고도 하고, '화갑(華甲)'이라고도 한다.

회갑연의 상차림은 큰상이라고 하여 여러 가지 음식을 높이 고여서 담아 놓으며, 상차림 중에서 가장 화려하고 성대하다. 큰상차림은 지방이나 가문 또는 계절에 따라 약간의 차이가 있지만 대개 과정류(果飣類), 탕류, 생실과(生實果), 건과(乾果), 떡, 편육, 저냐 등을 30~70cm 높이의 원통형으로 괴어 색상을 맞추어 배열한다.

백편, 꿀편, 승검초편을 직사각형으로 크게 썰어 직사각형의 편틀에다 높이 괸 다음 예쁘게 만든 화전이나 잘게 빚어 지진 주악, 각종 고물을 묻힌 단자 등을 웃기로 얹는다. 또한 인절미 등도 만들어 층층이 높이 괸 다음 주악, 부꾸미, 단자 등을 웃기로 얹어 아름답게 꾸민다. 이 밖에 예전에는 색떡이라고 하여 절편에 물감을 입혀 빚어 나무에 꽃이 핀 모양으로 만든 모조화(模造花)를 장식하기도 했다.

제례

사람이 운명하면 고인을 추모하게 되는데 이때 자손들이 올리는 의식이 제례이다. 이때에는 조과, 포(脯: 육포, 어포), 면식(麵食: 국수나 만둣국), 반(飯: 흰쌀밥), 저냐, 나물 등과 함께 떡을 하게 된다.

제사상에 올리는 떡은 종류라든가 고임새가 지방에 따라 약간씩 차이가 있지만 편류(녹두고물편, 꿀편, 거피팥고물편, 흑임자고물편)를 쪄서 여러 개 포개어 고이고, 그 위에 웃기로 주악이나 단자를 얹는다.

지방별 떡의 특징

서울·경기도

풍부한 농산물로 인해 다양한 종류의 떡이 발달했으며, 웃기떡 등을 사용하여 모양이 화려하다. 대표적인 떡으로는 색떡, 여주산병, 개성주악, 강화근대떡, 각색경단, 쑥개떡, 우지지, 수수벙거지, 개성조랭이떡, 배피떡 등이 있다.

충청도

토질이 농사짓기에 적합하여 곡류가 비교적 풍부한 편이므로 곡류 중심의 떡이 발달해왔다. 특히 찹쌀과 콩을 주재료로 하여 만든 쇠머리떡은 그 맛이 좋기로 유명하다. 또한 산악지대를 중심으로 양질의 칡, 버섯, 도토리 등이 풍부하여 이것들을 이용한 떡도 발달했다. 대표적인 떡으로는 쇠머리떡, 호박송편, 도토리떡, 수수팥떡, 곤떡, 해장떡, 막편, 꽃산병, 칡개떡, 장떡, 감자떡, 햇보리떡, 증편, 약편, 볍씨쑥버무리떡, 사과버무리떡 등이 있다.

강원도

산과 바다가 공존하는 지역으로 재료가 다양하고, 멥쌀이나 찹쌀로 만든 떡보다는 잡곡과 감자 등의 밭작물과 산채를 이용하여 만든 떡이 발달했다. 맛이 소박하고 구수한 것이 특징인데, 대표적인 떡으로는 감자송편, 칡송편, 호박삼색단자, 감자경단, 옥수수칡잎떡, 찰옥수수시루떡, 메밀총떡, 방울증편, 언감자떡, 감자시루떡, 감자투생이, 감자뭉생이, 각색차조인절미, 도토리송편 등이 있다.

전라도

국내 최고의 곡물 산지답게 먹을거리가 풍부하고, 부유한 토반들이 대대로 살면서 맛갈스런 음식을 전하고 있어 감을 이용한 사치스러운 떡에서부터 약초로 만든 떡에 이르기까지 매우 다양한 떡이 전해지고 있다. 대표적인 떡으로는 감단자, 주악, 익산섭전, 감인절미, 나복병, 호박고지찰시루떡, 콩대끼떡, 꽃송편, 차조기떡, 수리취떡, 모시송편, 복령떡, 구기자약떡 등이 있다.

경상도

쌀, 보리, 콩, 고구마, 옥수수, 감자 등의 농산물과 밤, 대추, 사과, 감, 복숭아, 배 등의 과일이 많이 생산되고 산간지대에서 나는 칡, 모시풀, 청미래덩굴잎 등을 이용한 떡이 발달했다. 대표적인 떡으로는 모듬백이, 부편, 쑥굴레, 잣구리, 감단자, 망개떡, 곶감화전, 칡떡, 잡과편, 밀양경단, 상주설기 등이 있다.

제주도

섬이라는 특성상 물이 귀하고 논이 드물어 잡곡이 많이 생산되므로 떡의 재료도 메밀, 조, 보리, 고구마가 많이 쓰인다. 대표적인 떡으로는 조침떡, 오메기떡, 빙떡, 차좁쌀떡, 빼대기떡, 백시리, 상외떡, 달떡 등이 있다.

황해도

곡창지대가 많아 곡물 중심의 떡이 다양하게 발달되었다. 크기가 크고, 모양은 소박하다. 특히 혼례 때 만드는 혼인절편이나 혼인인절미는 '안반만 하다'라는 말이 있을 정도로 큼직하다. 대표적인 떡으로는 오쟁이떡, 꿀물경단, 닭알떡, 좁쌀떡, 수제비떡, 큰송편, 연안인절미(혼인인절미), 닭알범벅, 수수무살이 등이 있다.

평안도

대륙적이고 진취적인 이 지방의 특성이 반영되어 매우 크고 소담스럽다. 대표적인 떡으로는 노티, 송기절편(송구지떡), 뽕떡, 찰부꾸미, 강냉이골무떡, 꼬장떡, 감자시루떡, 녹두지짐, 조개송편, 무지개떡 등이 있다.

함경도

수수, 귀리, 메밀, 옥수수, 감자 등을 이용한 떡이 발달하였고, 소박한 것이 특징이다. 대표적인 떡으로는 가랍떡, 괴명떡, 오그랑떡, 언감자송편, 감자찰떡, 콩떡, 기장인절미, 구절떡, 꼽장떡, 함경도인절미, 달떡, 귀리절편 등이 있다.

표 1 고문헌에 기록된 떡의 종류

고문헌	연대	저자	종류
산가요록	1450년경	전순의	백자병, 갈분전병, 산삼병, 송고병, 잡과병, 서여병, 잡병
음식디미방	1670년	안동 장씨부인	상화법, 증편법, 석이편법, 섭산삼법, 전화법, 빈쟈법, 잡과편법, 밤설기법, 연약과법, 인절미 굽는 법
요록	1600년대	미상	상화병, 증병, 송고병, 송병, 쇄백자, 유병, 청병, 감로빈
증보산림경제	1766년	유중림	잡과떡, 밤떡, 쑥단자, 진달래화전, 국화전, 살구떡, 복숭아떡, 화병, 보리떡, 송피떡, 풍악석이떡
규합총서	1815년	빙허각 이씨	복령조화고, 백설고, 권전병, 유자단자, 원소병, 승감초 단자, 석탄병, 도행병, 신과병, 혼돈병, 토란병, 남방감저병, 잡과편, 증편, 석이병, 두텁떡, 기단가오, 서여향병, 송기떡, 상화, 무우떡, 백설기(흰무리), 빙자, 대추조악, 꽃전, 송편, 인절미
시의전서	1800년대	미상	시루편 안치는 법, 팥편, 녹두편, 녹두찰편, 팥찰편, 꿀찰편, 깨찰편, 꿀편, 승검초편, 백편, 시루편, 갖은 웃기(주악), 흰주악, 치자주악, 대추주악, 귤병단자, 밤단자, 밤주악, 건시단자, 석이단자, 승검초단자, 잡과편, 계강과, 두텁떡, 화전, 당귀잎화전, 국화잎화전, 두견화전, 국화화전, 생산승, 율란, 조란, 생강편, 무떡, 송편, 쑥송편, 어름소편, 증편, 대추인절미, 쑥인절미, 깨인절미, 쑥절편, 송기절편, 송기개피떡, 감저병, 적복령편, 상실편, 개피떡, 꼽장떡, 산병, 골무편, 경단, 막우설기, 호박떡, 약식법
임원십육지	1835년경	서유구	잡과고방, 내복병방, 차고방, 도행병, 화병방, 옥관폐방, 봉연고방, 인절병방, 잡과점병방, 송피병방, 시고방, 유전병방, 조각병방, 진감병방, 토지병방, 산삼병방, 소아화방, 당박취방, 풍소병방, 육유병방, 소유병방, 설화병방, 우병방, 권전병방, 회회권전병방, 칠보권전병방, 육병방, 유협아방, 송자병방, 소병방, 소밀방, 산약호병방, 도구소방, 소병방, 부로소병방, 타봉각아방, 시라각아방, 함밀병방, 후병방, 당귀병방, 상자병방, 노랄병방, 풍악석이병방, 고려율고방, 신선부귀병방, 동정의방, 과증방, 황옥병방, 양갱병방, 외랑병방, 전이방, 송풍병방, 혼돈병방, 단자방, 경단방, 춘근혼돈방, 순궐혼돈방, 대내고방, 자사단방, 수명각아방, 증병방, 백숙병자방, 옥고량병방
조선요리법	1939년	조자호	쑥구리, 잡과편, 두텁편, 꿀송편, 재증병, 대추주악, 승금초주악, 석이단자, 대추단자, 송편, 쑥송편, 송기송편, 백설기, 꿀설기, 쇠머리떡, 증편, 물호박떡, 느티떡, 총떡, 화전, 콩버무리, 수수경단, 찰경단, 밤단자, 율무단자, 산승, 약식, 약식 속히 하는 법, 백편, 꿀편, 승금초편, 녹두게피편, 팥게피편, 녹두찰편, 꿀소편, 깨편
조선무쌍신식 요리제법	1943년	이용기	시루떡, 팥떡, 무떡, 호박떡, 생치떡, 쑥떡, 녹두떡, 거피팥떡, 찰떡, 깨떡, 두텁떡, 백설기, 흰무리, 꿀떡, 쑥떡, 귤병떡, 신감초떡, 잡과병, 귀이리떡, 개떡, 밀개떡, 석탄병, 감떡, 밤떡, 토령병, 감자병, 옥수수떡, 송편, 재증편, 북떡, 흰떡, 절편, 인절미, 청인절미, 청정미인절미, 대초인절미, 동부인절미, 가피떡, 산병, 꼽장떡, 송기떡, 주악, 대추조악, 차전병, 돈전병, 대초전병, 두견전병, 밀전병, 수수전병, 빈대떡, 북괴미, 밀쌈, 꽃전, 화전, 석뉴, 국화전, 고려밤떡, 신선부귀병, 혼돈자, 단자, 팥단자, 밤단자, 잣단자, 석이단자, 생단자, 경단, 팥경단, 밤경단, 쑥경단, 수수거멀제비, 증편, 방울증편, 떡에 곰팡이 아니 나는 법

한과

한과의 정의와 역사

한과는 우리나라에서 전통적으로 내려오는 과자로, 본래는 생과와 비교해서 가공하여 만든 과일의 대용품이라는 뜻에서 '조과류(造菓類)' 또는 '과정류(果飣類)'라 하였으나 외래 과자와 구별하기 위해 '한과(漢菓)'로 부르게 되었다.

한과에 관한 구체적인 기록은 고려시대의 문헌에서 확인할 수 있으나 삼국이 정립되기 이전에 만들어졌을 것이라 짐작하고 있다. 제수(祭需)로 쓰이는 '과(菓)'는 본래 자연의 과일인데, 과일이 없는 계절에는 곡분(穀粉)으로 과일의 형태를 만들고 여기에 과수의 가지를 꽂아서 제수로 삼았다고 한다. 이처럼 우리나라 역시 과자의 기원은 과일이 없는 계절에 곡식가루로 과자의 형태를 만든 것에서 비롯되었다고 볼 수 있다.

삼국시대 및 통일신라시대

구체적인 문헌은 고려시대부터이지만 《삼국유사》 가락국기 수로왕조에 제수(祭需)로서 '과(菓)'라는 말이 처음으로 나오고, 신문왕 3년(683)에 왕비를 맞이할 때 폐백품목으로 쌀·술·장·꿀·기름·메주 등이 기록되어 있는데, 쌀·꿀·기름 등은 한과에 필요한 재료로 이 시기에 이미 한과를 만들었다고 추정할 수 있다. 또한 차 마시는 풍습이 성행함과 함께 한과를 곁들여 먹었을 것으로 추측할 수 있다.

고려시대

한과류는 농경문화의 발전으로 인한 곡물 산출의 증가와 불교문화의 영향을 받아 고려시대 고도로 발달하여 제례·혼례·연회 등에 필수적으로 오르는 음식이 되었다. 《고려사》형법금령에 따르면 유밀과(油密果) 성행이 지나쳐 곡물·꿀·기름 등을 낭비함으로써 물가가 오르고 민생이 말이 아니어서, 명종 9년(1179)과 명종 22년(1192)의 두 차례에 걸쳐서 유밀과의 사용을 금지하고, 유밀과 대신에 나무열매를 쓰라고 하였으며, 공민왕 2년(1353)에도 유밀과 사용금지령을 내렸다고 한다.

조선시대

한과는 의례상의 진설품으로서뿐만 아니라 평상시의 기호품으로서 각광받았는데, 특히 왕실을 중심으로 한 귀족과 반가에서 성행하였다. 궁중 연회에 장만한 음식 수의 2/3는 조과와 생과, 음료이며, 그중 유밀과류가 68종, 정과류가 51종, 과편류가 11종, 엿류가 6종, 당류가 53종 등 무려 254종을 차지할 정도로 매우 발전했다.

근대 이후

1900년경 일본과 서구의 음식문화가 들어오면서 전통한과가 쇠퇴하기 시작했다. 양과를 비롯한 사탕, 젤리 등을 만들어 판매하게 되었고, 1945년 이후에는 밀가루, 유제품, 설탕 등으로 만든 새로운 맛의 과자류가 더욱 다양해져 전통한과는 대중의 기호에서 점차 멀어지게 되었다.

한과의 종류

유밀과

한과류 중 가장 사치스럽고 최고급으로 꼽히는 유밀과(油密果)는 밀가루를 주재료로 하여 꿀과 기름으로 반죽하여 모양을 만들어 기름에 튀겨 즙청한 대표적인 한과이다. 제사와 혼례의 필수품으로 고려병(高麗餠)이라 하여 그 명성이 중국에까지 알려지기도 했다. 종류로는 약과·모약과·다식과·연약과·만두과·박계·매작과·차수과 등이 있다.

유과

유과(油果)는 강정이라고도 하며, 민가에서는 선조에게 올리는 제사음식으로 강정을 으뜸으로 삼았고, 정월 세찬에 빠지지 않는 음식이었다. 원재료는 찹쌀이고, 강정류·산자류·빙사과류·연사과류·요화과류 등으로 나뉘며, 모양에 따라 네모지게 썰어 말렸다가 기름에 튀겨 고물을 묻힌 산자, 누에고치 모양을 한 손가락강정, 동글동글한 모양의 방울강정, 작고 네모지게 썬 빙사과 등으로 나뉜다.

다식

다식은 흰깨, 흑임자, 콩, 쌀 등 볶은 곡식의 가루나 송홧가루, 녹말가루 등을 꿀로 반죽하여 다식판에 박아 낸 한과로 녹차와 함께 곁들여 먹으면 좋다. 다식판의 문양은 수(壽), 복(福), 강(康), 녕(寧) 등 복을 기원하는 글귀나 꽃무늬, 완자무늬, 수레바퀴무늬 등 조각의 모양새도 정교하고 예술적이다.

다식은 유밀과처럼 일반화되지는 않았으나 국가 대연회나 혼례상, 회갑상, 제사상 등 의례상에 빠지지 않고 사용되었다. 주재료에 따라 송화다식·승검초다식·콩다식·흑임자다식·쌀다식·진말다식·밤다식·오미자다식 등이 있다.

정과

정과(正果)는 전과(煎果)라고도 하며, 비교적 수분이 적은 뿌리나 줄기 또는 열매를 살짝 데쳐 조직을 연하게 한 다음 설탕시럽이나 조청에 오랫동안 조려 쫄깃쫄깃하고 달콤하며 투명하게 만든 것을 말한다.

　정과의 종류에는 끈적끈적하게 물기가 있게 만드는 진정과와 설탕의 결정이 있게 건조시켜 만든 건정과가 있다.

엿강정

엿강정은 여러 가지 견과류나 곡식을 볶거나 그대로 하여 조청 또는 엿물에 버무려 서로 엉기게 한 다음 강정틀에 넣어 네모지게 모양을 만들어 약간 굳었을 때 썬 한과이다.

　엿강정의 재료로는 주로 흑임자·들깨·참깨·푸른콩·검정콩·땅콩·호두·잣 등을 쓰며, 웃고명으로 잣·호두·호박씨를 박아 모양도 내고 고소한 맛과 향기를 더한다.

숙실과

숙실과는 열매나 식물의 뿌리를 익혀서 꿀에 조린 것으로 실과를 날로 안 쓰고 익혀 만든 과자이며, 만드는 방법에 따라 초(炒)와 란(卵)이 있다.

　'초'는 열매를 통째로 익혀서 원래의 형태가 그대로 유지되도록 조린 것으로 밤초와 대추초가 대표적이다. '란'은 열매를 익힌 후 으깨어 설탕이나 꿀에 조린 다음 다시 원래 모양과 비슷하게 빚은 것으로 율·조란·강란 등이 있다.

과편

과편(果片)은 과일즙 또는 과일을 삶아 거른 즙에 녹말과 설탕, 꿀을 넣고 조려 엉기게 한 다음 그릇에 쏟아 식혀서 썬 것으로 새콤달콤한 맛이 일품이다. 딸기나 앵두·살구·산사와 같이 신맛이 나는 과일을 쓰고, 복숭아·배·사과처럼 과육의 색이 변하는 것은 잘 쓰지 않는다.

　사용하는 재료에 따라 앵두편·복분자편·살구편·오미자편 등이 있다.

엿

엿은 전분 또는 전분을 함유한 원료를 엿기름으로 당화시킨 당과이다. 엿과 조청이 여기에 속한다. 문헌에 따르면 우리나라에서 엿을 만들기 시작한 것은 고려시대부터이다. 이후로 엿을 간식으로 이용해왔고 또 엿을 묽게 고아 꿀처럼 만들어 꿀 대신 여러 가지 음식이나 한과를 만드는 데 이용하기도 했다. 이러한 엿은 조청·갱엿·흰엿으로 크게 구별된다.

한과의 용도

시·절식

한과는 떡만큼 절기마다 두드러진 특징을 가지고 있지는 않다. 하지만 정월 세찬이나 한가위, 동지, 섣달 등 계절의 변화를 두드러지게 느낄 수 있는 절기에는 제철 재료를 이용하여 한과를 만들어 먹음으로써 영양도 보충하고 조상에 감사하며 정을 나누었다.

세찬

정초 차례상에 올리는 음식과 손님에게 차려지는 음식을 세찬이라고 하며, 유과(강정)·엿강정·약과·다식·숙실과 등의 한과류가 다양하게 차려졌다.

설 다과상

차례를 지내고 친척 어르신을 찾아다니며 인사를 드리고 답례를 받을 때 받는 다과상에는 약과·강정·다식·정과·엿강정·곶감쌈 등의 한과류와 과일, 음청류가 올라간다.

정월 대보름

이날은 오곡밥과 묵은 나물·복쌈·부럼·귀밝이술과 함께 약식을 만들어 나누어 먹는다. 특히 호두나 밤·잣 등을 깨어 먹는 풍습이 전하고 있는데, 이는 지방질의 섭취와 치아가 튼튼하기를 기원하기 위함이며, 또 그 깨무는 소리에 나쁜 귀신이 놀라 달아난다고 믿었기 때문이다. 이때 크게 소리 나는 한과인 산자나 엿강정을 먹는 풍습이 생겨나게 되었다.

중화절

농촌에서 집 안에 쥐와 벌레가 없어지기를 바라는 마음에서 콩을 볶아 콩엿을 만들어 먹고 던지기도 하는 풍습이 있었다.

삼짇날

오미자를 우려낸 물로 색을 들여 쌀강정이나 매작과를 만들어 먹기도 하였다.

초파일

검정콩을 볶아 길에서 만나는 이들과 나누어 먹으면 인연을 맺는다는 불가의 풍속이 있었다.

단오

앵두가 나오는 계절로 앵두를 으깨어 화채를 해먹기도 하고, 앵두 으깬 것을 삶아 끓이다가 녹두 녹말즙과 꿀을 넣어 굳힌 과편을 만들어 먹기도 하였다.

한가위

결실의 계절 한가위는 모든 것이 풍성한 계절이므로 추석 차례상의 제수는 생률·풋대추·감·배·사과·포도 등의 햇과일과 햇곡식으로 만든 율란·조란·밤초·대추초·다식·엿강정·숙실과와 정과 등 거의 모든 종류의 한과를 만들어 올렸다.

표 2 고문헌에 기록된 한과의 종류

서명	연대	저자	종류
산가요록	1450년경	전순의 찬	건한과, 약과, 빙사과, 백산, 안동다식법, 우모전과, 동과전과, 생강전과, 앵도전과, 무유청조과법
수운잡방	1540년	김수	동아정과, 생강정과, 다식법, 엿 만들기
음식디미방	1670년	안동 장씨부인	연약과법, 다식법, 박산법, 앵도편법, 약과법, 둥박겨, 빙사과, 강정법
요록	1600년대	미상	약과, 빙사과, 요화삭, 연약과, 다식, 다을과, 건알판, 거식조, 건반병, 동과정과, 도행정과
증보산림경제	1766년	유중림	전유밀약과, 참깨다식, 잡과다식, 살구전, 복숭아전, 동아전과, 도라지전, 산포도전, 다래전, 조이당, 조청
규합총서	1815년	빙허각 이씨	약과, 강정, 매화산자, 밥풀산자, 묘화산자, 모밀산자, 감사과, 연사, 연사라교, 계강과, 생강과, 건시단자, 밤조악, 황률다식, 흑임자다식, 용안다식, 녹말다식, 산사편·앵도편, 복분자딸기편, 모과 거른 정과, 살구편·벚편, 유자정과, 감자정과, 연근정과, 익힌 동과정과, 선 동과정과, 천문동정과, 생강정과, 왜감자정과
시의전서	1800년대	미상	약과하는 법, 다식과, 만두과, 중계, 매작과, 연사, 석류과, 밤숙, 강정방문, 매화산자법, 모밀산자, 감자과, 빈사과, 매화강정, 산자밥풀, 매화 세반하는 법, 흑임자다식, 송화다식, 황률다식, 갈분다식, 녹말다식, 강분다식, 생강정과, 유자정과, 감자정과, 연근정과, 배정과, 길경정과, 인삼정과, 행인정과, 청매정과, 들쭉정과, 산사쪽정과, 모과쪽정과, 모과 거른 정과, 산사편, 모과편, 앵두편, 복분자편, 살구편, 벚편, 녹말편, 들죽편, 수수엿, 엿 고는 법
임원십육지	1835년경	서유구	밀전우방, 건율다식방, 조유정방, 송황다식방, 산약다식방, 거승다식방, 상자다식방, 매화산자방, 감저갱자방, 약과방
조선요리법	1939년	조자호	산사정과, 무과정과, 행인정과, 청매정과, 생정과, 문동과, 맥문동, 연근정과, 건포도정과, 귤정과, 율란, 조란, 생편, 녹말편
조선무쌍신식 요리제법	1943년	이용기	밤초, 대추초, 율란, 조란, 약과, 다식과, 만두과, 중백기, 한과, 매잡과, 채소과, 송화다식, 싱검초다식, 콩다식, 강분다식, 녹말편, 앵도편, 모과편, 산사편, 사탕 만드는 법, 복사정과, 산사정과, 모과정과, 감자정과, 유자정과, 연근정과, 생강정과, 동아정과, 들죽정과, 쪽정과, 연강정과, 배숙, 앵도숙, 산자, 세반산자, 빙사과, 요화대, 잣박산, 깨강정, 콩강정, 싱검초강정, 흑임자강정, 송화강정, 다홍강정, 방울강정, 세반강정, 매화강정, 잣강정, 계피강정, 흑당, 엿기름 내는 법, 백당, 밤엿, 흑두당

중구

음력 9월 하순에는 향이 좋은 유자와 모과가 나오므로 일 년간 사용할 청을 만들어 두거나 말려 두기도 하는데, 절식으로는 유자화채나 정과, 모과편이 있다.

상달

10월은 붉은팥시루떡을 하여 성주신에게 집안의 안녕과 번창을 빌고 감사하는 시기로, 김장을 하고, 유과바탕을 만들고, 엿을 고아 집안 행사에 대비했다.

납월

한 해를 마무리하는 시기로 엿강정·유과·엿·약과·다식·식혜·수정과 등 설맞이 음식이 풍성한 때이다.

통과의례
혼례 · 회갑

혼례나 회갑 등과 같은 경사스러운 날의 큰상차림에는 약과·중박계·요화과·숙실과·정과·다식 등을 원통형으로 높게 쌓아 올리면서 축(祝)·복(福)·수(壽) 등의 길상문자(吉祥文子)를 새겨 넣어 화려하게 고임상을 장식한다.

제례

제례 상차림에는 유밀과를 많이 진설한다. 그중 가장 많이 쓰는 것는 박계이고, 소상과 대상에는 채소과를 많이 쓴다. 또 매작과·강정·산자 등도 많이 쓴다. 다식도 중요한 제례 음식이나 축의연 때와 같이 화려하게 만들지 않고, 무채색에 가까운 송화다식·쌀다식·흑임자다식만을 만든다. 이 밖에 궁중 제향에는 지름 10cm 정도의 산승과가 쓰이기도 했다.

음청류

음청류의 정의와 역사

음청류는 술 이외의 모든 기호성 음료를 말하는 것으로 농경사회가 시작되기 이전에는 자연에서 쉽게 채취할 수 있는 천연당류인 꿀과 원시 식물의 꽃·열매들을 음료로서 이용했을 것이다. 오미자는 중국의 기록에 우리나라 것이 제일 품질이 좋다고 하였으며, 송대의 《본초도경》에 신라에서는 박하를 말려 차를 마신다고 한 것으로 보아 삼국시대에 이미 음료로 이용했을 것으로 추측할 수 있다.

신라 27대 선덕왕(632~647) 때 차가 전래되어 왕가와 승려, 화랑들 사이에 전파되었고, 《삼국유사》에서는 현재의 미숫가루의 원형에 관한 기록을 볼 수 있다. 《고려도경》에 왕성의 긴 행렬에 "백미장(백미를 푹 끓여 얻은 미음을 시큼한 맛이 날 정도로 숙성시킨 것)을 만들어 누구나 마실 수 있도록 하였다", 《삼국사기》에 장수(漿水: 곡물의 젖산발효 음료)에 관한 기록이 있다.

조선시대는 현재와 같은 전통음식이 정착화 되어가는 시기로 주식과 부식뿐만 아니라 기호품의 가공기술도 매우 발전된 시기이다. 1600년대 《음식디미방》에 착면법·토장법녹두나화·별착면법이 소개되어 이미 오미자가 널리 이용되고 있음을 알 수 있고, 《동의보감》에 생맥산·제호탕·사물탕 등이 소개되어 향약성 재료가 음료에 사용되었음을 알 수 있다. 1700년대는 그 종류가 다양해져서 《산림경제》, 《증보산림경제》, 《수문사설》에 기국차·구기차·매화차·국화차·포도차·매실차·봉수탕·행락탕·모과장·온조탕·식혜·감주 등이 소개되어 있다. 1800년대에는 종류가 더 다양해져서 《규합총서》, 《임원십육지》, 《음식방문》, 《역

주방문》, 《술 만드는 법》, 《시의전서》, 《규곤요람》, 《음식법》에 계장·귀계장·향설고·원소병·임금갈수·수정과·삼미음·송화밀수·앵두화채·복분자화채·밀수 타는 법·복숭아화채·두견화채·배화채·장미화채 등 많은 종류의 음청류가 자세히 설명되었다. 1900년대에는 《조선요리법》, 《조선무쌍신식요리제법》, 《조선요리》, 《이조궁정요리통고》, 《우리나라 음식 만드는 법》에 밀감화채·딸기화채·대추미음·귤강차·미삼차·송미음 등이 소개되어 있다.

음청류의 분류

음청류를 분류하면 차나무의 잎을 이용해서 만든 순차류(純茶類)와 유이차류, 장류, 숙수류, 갈수, 미음류, 미식류, 식혜류, 수정과류, 화채류로 나눌 수 있다.

유이차류

유이차류(類似茶類)는 차와 다른 재료들을 섞어 만든 차혼성차(茶混成茶)와 꽃잎을 뜨거운 물에 우려 꿀과 설탕을 가미한 화엽차(花葉茶), 과육이나 과피를 이용해서 만든 과실차(果實茶), 곡류 등을 볶아 만든 곡재차(穀材茶), 한약재를 이용해서 만든 약재차(藥材茶)가 있다.

탕류

탕류(湯類)는 약이성 재료를 끓여 달여 고(膏)의 형태로 만들어 희석해서 마시는 음료로 제호탕·습조탕·향소탕·수문탕·빙자탕·회향탕·행락탕·봉수탕·백탕·자소탕·사물탕·쌍화탕·숙매탕·온조탕·모과탕 등이 있다.

장류

장류(漿類)는 약이성 재료나 과일·채소 등을 꿀이나 설탕에 넣어 숙성시켜 약간 신맛이 나

표 3 고문헌에 기록된 음청류의 종류

고문헌	연대	저자	종류
동의보감	1600년대	허균	생맥산, 사물탕, 쌍화탕, 제호탕
음식디미방	1670년	안동 장씨부인	토장법 녹도나화, 착면법
요록	1600년대	미상	목과탕
산림경제	조선숙종	홍만선	오미갈수, 청천백석차
증보산림경제	1766년	유중림	기국차, 구기자차, 온조탕, 수지탕, 행락탕, 봉수탕, 청천백석차, 매화차, 국화차, 매실차, 포도차, 산사차, 강죽차, 강귤차, 당귀차, 순채차, 형개차, 차조기차, 녹두차
규합총서	1815년	빙허각 이씨	계장, 귀계장, 매화차, 포도차, 매실차, 국화차, 화면, 난면, 왜면, 향설고, 유리류정과, 순정과
시의전서	1800년대	미상	밀수 타는 법, 송화밀수, 식혜, 수정과, 배숙, 장미화채, 두견화채, 순채로 화채하는 법, 배화채, 앵도화채, 복분자화채, 복숭아화채, 수단, 보리수단, 감주하는 법
임원십육지	1835년경	서유구	암향탕방, 숙매탕, 수문탕방, 행락탕방, 봉수탕방, 수지탕방, 건모과탕방, 무진탕방, 선출탕방, 여지탕방, 온조탕방, 향소탕방, 금분탕방, 지황고자탕방, 녹운탕방, 경소탕방, 옥설탕방, 백탄방, 장수방, 제수방, 계장방, 여지장밥, 모과장방, 유장방, 매장방, 뇌차방, 족미차방, 해아향차방, 누영춘방, 청천백석차방, 구기차방, 국화차방, 기국차방, 강죽차방, 강귤차방, 유자차방, 포도차방, 당귀차방, 순차방, 녹두차방, 백엽차방, 어방갈수방, 임금갈수방, 모과갈수방, 오미갈수방, 포도갈수방, 향당갈수방, 자소숙수방, 두구숙수방, 침향숙수방, 정향숙수방, 율추숙수방
음식법	1854년	미상	들죽(가죽나물)정과
조선요리법	1939년	조자호	여름밀감(미깡)화채, 수박화채, 식혜, 수정과, 배숙, 원소병, 화면, 떡수단, 보리수단, 딸기화채, 앵두화채, 봉숭아화채, 순채, 복근자화채
조선무쌍신식요리제법	1943년	이용기	찹쌀미시, 율무응이, 갈분의이, 수수응이, 차를 다리는 법, 구기다, 국화다, 기국다, 귤강다, 포도다, 매화다, 귤화다, 보림다, 계화다, 오매다, 미삼다, 배화채, 복사화채, 두견화채, 앵도화채, 수단, 보리수단, 원소병, 콩국, 깨국, 나무네, 아이스구리무

도록 하여 희석해서 마시거나 향약재나 과일 등을 꿀이나 설탕을 넣고 졸인 것을 물에 타서 마시는 것으로, 모과장·계장·귀계장·유자장·매장·은장·재장 등이 있다.

숙수류

숙수류(熟水類)는 누룽지에 물을 부어 끓여 마셨던 숭늉으로 서민들의 음료였다.

갈수

갈수(渴水)는 한약재나 과일즙을 농축해 마시거나 여기에 두즙 또는 누룩 등을 넣고 꿀과 함께 달여 마시는 것으로 오미갈수·임금갈수·포도갈수·모과갈수 등이 있다.

미음류

미음류(米飮類)는 곡식을 물에 넣어 오래 끓이다가 체에 밭쳐 거른 물에 소금·설탕 간을 하여 마시는 것으로 쌀미음·송미음·좁쌀미음·대추미음 등이 있다.

미식류

미식류(米食類)는 곡물을 쪄서 볶아 가루로 만들어 물에 타 마시는 것으로 찹쌀미시·보리 미시·수수미시·조미시 등이 있다.

식혜

독특한 단맛과 고유의 향기를 가진 대표적인 음청류로 엿기름물에 밥알을 당화시켜 단맛 을 나게 만든 음청류로 발효식품인 식해(食醢)에서 비롯된 것이다. 식혜·연엽식혜·감주·석 감주 등이 있다.

수정과류

수정과류(水正果類)는 우리나라 특유의 음청류로 계피·생강 등을 달인 물에 곶감, 배 등 을 넣는 것으로 가련수정과·배수정과·향설고가 있다.

화채류

화채류(花菜類)는 1849년 《동국세시기》에 처음으로 만드는 방법이 기록되어 있으며, 문헌 에 기록된 화채의 종류는 30여 가지에 이른다. 오미자국물을 이용한 화채로 진달래화채· 배화채·책면·보리수단 등이 있으며, 꿀이나 설탕을 이용한 화채는 송화밀수·떡수단·원소 병·유자화채 등이 있고, 과일즙을 이용한 화채는 앵두화채·딸기화채·수박화채 등이 있다.

떡에 쓰이는 재료

곡류

곡류에는 우리나라 사람들의 주식인 쌀과 보리, 밀, 귀리, 메밀 등의 맥류 그리고 조, 기장, 수수, 옥수수 등의 잡곡이 있다.

우리나라에서는 쌀, 보리, 조, 기장, 콩을 오곡(五穀)이라 하며, 이 중에서 쌀은 가장 중요한 작물인데, 우수한 열량 공급원이고, 소화 흡수가 쉬우며, 맛이 담백해 주식으로 적합하기 때문이다.

쌀(Rice)

쌀은 지방이 낮고 효율적인 에너지 공급원이지만 쌀 단백질인 오리자닌(oryzanin)은 필수 아미노산 중 라이신(lysine)이 부족하므로 두류와 섞어 먹는 것이 좋다. 찹쌀과 멥쌀은 성분상 큰 차이는 없으나 전분의 성질이 다르다. 이것은 아밀로오스(amylose)와 아밀로펙틴(amylopectin) 함량의 차이 때문에 나타나는 것으로, 가지가 많은 아밀로펙틴 100%로 이루어진 찹쌀은 점성이 강하고, 아밀로펙틴 80%, 아밀로오즈가 20%인 멥쌀은 점성이 낮다. 또한 찹쌀의 경우 침지 과정 중 멥쌀에 비해 10% 이상 높은 수분 흡수율을 보이며, 또한 찌는 동안 전체 중량의 7% 이상의 수분을 더 흡수하여 떡을 할 때 물을 더하지 않아도 쉽게 떡을 만들 수 있다. 이에 비해서 멥쌀은 물을 주지 않고 찌면 찌는 과정 중에 수분이 거의 흡수되지 않아 호화가 잘 이루어지지 않는다.

보리(Barley)

보리의 성분은 단백질이 10%, 지방이 0.5%, 전분이 75% 정도 함유되어 있으며, 그 외 섬유질, 펜토산(pentosan), 비타민, 무기질 등도 약간씩 포함되어 있다. 보리는 다른 곡물보다 섬유질이 많이 함유되어 있어 변비를 예방한다. 또한 예부터 조청을 만드는 데 쓰는 엿기름은 그 재료가 보리를 싹 틔워 만든 것으로, 소화를 돕고 비위(脾胃)를 덥혀 주며, 입맛을 돋우는 작용을 한다. 개떡, 햇보리개떡, 보리떡 등에 이용한다.

조(Millet)

차조는 녹색에 가깝고 낱알이 작고 고르며 약간 납작한 것이 좋고, 메조는 노란색에 가까운 것이 좋다. 수분이 8.7%로 낮고, 당질이 74% 정도이며, 단백질이 10%, 지방 4% 정도이다. 조침떡, 오메기떡, 차좁쌀떡, 야괴, 좁쌀떡, 꼬장떡 등에 이용한다.

옥수수(Corn)

강원도가 전국 총 생산량의 대부분을 차지하고, 크기가 고르고, 건조 상태가 고른 것, 노란색을 띄며 윤기가 나고 벗겨진 낱알이 없는 것, 품종은 경립종으로 타원형으로 각질인 것, 입자가 굵고 둥글고 당도가 높은 것이 좋으며 팝콘용 옥수수는 씨눈이 뾰족하고 낱알의 크기가 고른 것이 좋은 것이다.

식용 옥수수는 맛이 좋고 소화가 잘 되며, 열량이 높고 각종 제품의 가공 원료로 이용되나 필수아미노산인 나이아신(niacin)과 트립토판(tryptophane)이 부족하여 단백가가 높은 식품과 혼식하여 먹는 것이 좋다. 강냉이골무떡, 찰옥수수시루떡 등에 이용한다.

메밀(Buckwheat)

원산지는 중앙아시아이며, 우리나라에서는 전국에서 생산된다. 특히 산간 지역에서 대량생산된다. 메밀은 생육기간이 70일 정도로 짧고 척박한 땅에서도 잘 자라 잡곡류 중 옥수수 다음으로 재배 면적이 넓다. 낱알이 여물고 광택이 있는 것이 좋다. 메밀은 수분이 13.5%, 당질이 66%, 단백질이 13.8%, 지방이 4% 정도이다. 혈관의 저항성을 강화시켜 주는 루틴(rutin)이라는 성분이 있어 고혈압에 좋다. 빙떡, 둘레떡, 중괴, 메밀총떡 등에 이용한다.

수수(Sorghum)

수수는 종피에 탄닌(tannin)과 색소가 함유되어 있어 소화를 방해하므로 제거한다. 종피를 제거할 때에는 수수를 박박 문질러 씻은 후 일어 불린다. 이때 붉은 물이 나올 경우 수시로 물을 갈아 주면서 불리면 수수의 떫은 맛을 없앨 수 있다. 수수가 불면 소쿠리에 건져 물기를 뺀 후 소금을 넣고 빻아 체에 쳐서 사용한다.

수수팥떡, 수수도가니, 수수벙거지, 수수경단, 수수부꾸미, 가랍떡, 노티 등의 재료로 쓰인다.

서류

서류는 식물의 땅속줄기[지하경(地下莖)]나 뿌리의 일부가 비대해져서 덩이줄기[괴경(塊莖)] 및 덩이뿌리[괴근(塊根)]가 된 것이다. 감자, 고구마, 토란, 마, 곤약, 야콘 등이 있으며, 전분 함량이 높고 다당류를 함유하여 주식 대용으로 이용되는 식품이다. 그러나 수분함량이 70~80%가 되므로 곡류에 비하여 열량은 낮은 편이다. 또 무기질 중 특히 Ca 및 P 등이 많아서 알칼리성 식품이며, 열에 잘 파괴되지 않는 비타민류의 함량이 높고, 단위면적당 생산 열량이 가장 많은 작물에 속한다.

감자(Potato)

가지과에 속하는 1년생 작물로 순조 24년(1824)에 만주 간도 지방으로부터 도입되었다. 강원, 경남, 경북, 전남 지방이 주산지이며, 형상이 균일하며 색택이 양호하고 적당히 건조되어 외피에 물기가 없는 것이 좋은 것이다. 저장 온도는 0~8°C, 습도 85~95%에서 하는 것이 좋고, 저온 저장 시에는 감자 속의 아밀라아제와 말타아제의 전분 분해 작용으로 환원당을 생성하여 감미가 증가한다.

  감자송편, 감자경단, 감자부침, 언감자떡, 감자시루떡, 감자투생이, 감자뭉생이에 이용한다.

고구마(Sweet potato)

고구마는 크기와 모양이 균일하고 선별이 잘된 것, 표피색이 밝고 선명한 적자색을 띠는 것, 씨눈 부분의 파임이 적고 육질이 단단하며 손상이 없고 적당히 건조된 것, 상처가 없고 삶은 후 쪼개어 보았을 때 분질 형태로 보이는 것, 육질이 단단하고 단맛이 뛰어난 것이 좋은 것이다.

  고구마의 최적 저장온도는 12~15°C로 낮은 온도에 약하므로 9°C 이하에 오래두면 맛이 나빠지고 썩기 쉽다. 반대로 온도가 높으면 호흡작용이 왕성해져서 고구마의 양분 소모가 많아지고 싹이 나서 상품가치가 크게 낮아진다. 알맞은 습도는 85~90% 내외이다.

  옥수수칡잎떡, 찰옥수수시루떡, 옥수수설기, 옥수수보리개떡 등에 이용한다.

마(Chinese yam)

당질이 가장 많으며, 우수한 단백질과 필수아미노산이 함유되어 있다. 마는 산약(山藥)이라 하여 강장제로 쓰여 왔는데, 한방에서는 비장을 튼튼하게 하고 장의 기능을 정상화시킨다고 한다. 특히, 노인성 당뇨병, 만성 간염 등 폐와 비장, 신장의 기능이 약해진 사람에게 좋다.

두류

두류의 종류에는 지방과 단백질원으로 이용되는 콩·땅콩류와, 탄수화물원으로 지방 함량이 낮은 팥·강낭콩·녹두·완두 등이 있으며, 강낭콩이나 청대콩처럼 채소적 성질을 띠는 것도 있다. 아미노산이 우수하여 곡류가 주성분인 떡에 부족하기 쉬운 아미노산, 특히 라이신을 보충하는 경제적인 단백질 공급원으로 매우 유용하다. 그 밖에 인, 철, 칼슘, 비타민 B_1이 풍부하고 보존성이 좋기 때문에 예로부터 주식 또는 부식으로 많이 이용되어 왔다.

대두(Soybean)

노란콩은 황두(黃豆) 또는 황대두(黃大豆)라 하여 전통장의 주원료로 쓰이고, 한방약재로도 사용된다. 주요성분은 단백질 35%, 탄수화물 35%, 지방 21%로 장류, 두부, 과자, 두유 등 식품가공 원료 외에 사료용, 공업용, 비료용으로 쓰인다.

대두 외에 검은콩·강낭콩·완두콩·땅콩 등 다양한 두류를 쌀가루에 넣어 버무려 찌는데 떡에 혼합 시 단백질을 보충해 주는 역할을 한다.

검정콩　　　　렌틸콩　　　　동부

거피녹두　　　　거피팥　　　　붉은팥

동부(Cowpea)

종실은 굵고 납작한 것, 팥 모양인 것, 타원형에 가까운 것이 있으며, 빛깔은 백색, 흑색, 갈색, 적자색, 담자색 및 이들의 혼합색 등이 있다. 밥에 넣어 먹기도 하고, 떡 고물에도 이용되며, 동부전분은 묵을 만드는 데 이용한다. 아프리카 등지에서는 끓여서 캐서롤(casseroles)이나 퓨레(puree)로 만들거나 카레 원료로 사용한다.

팥(Red bean)

팥의 껍질은 매우 단단해서 12시간 이상 불린 후 삶아야 잘 물러지며, 껍질 부분의 사포닌 성분이 장을 자극하여 설사를 유발하므로 처음 삶은 물은 버려 사포닌 성분을 일부 제거하고 다시 물을 부어 삶아 사용하는 것이 좋다.

팥에는 당질이 64%, 단백질 20%, 지방은 0.1% 정도 함유되어 있으며, 당질 중에는 전분이 34% 정도이다. 팥의 표피에는 시아니딘(cyanidin) 배당체가 들어 있어 아린 맛이 있다.

팥은 붉은 색으로 인하여 귀신을 물리치는 농작물로 여겨져 제사떡이나 동지 팥죽 등을 만드는 데 사용되어 왔다. 쌀과 섞어 팥밥을 지어 먹고, 떡·빵·과자 등의 고물과 앙금으로 이용하며, 팥죽을 쑤어 먹기도 한다.

녹두(Mung bean)

녹두는 낱알이 충실하고 고른 것이 좋다. 과거에는 타개서 불렸지만 요즘은 거피된 녹두를 2시간 이상 불려서 껍질을 완전히 벗겨 사용한다.

녹두는 탄수화물 57%, 단백질 20~25% 정도를 함유하고 있으며, 콩과는 달리 전분이 34%로 다량 들어 있다. 떡과 죽에 이용되며, 싹을 내서 숙주나물로도 쓴다. 녹두전분은 청포묵과 당면을 만드는 데 이용된다.

완두(Pea)

성숙하기 전 푸른 것은 꼬투리의 단단한 정도에 따라 경협종과 연협종으로 나누며 주로 통조림을 만들어 이용한다. 연협종의 어린 꼬투리는 채소용으로 이용한다.

밥에 섞어 먹거나 가루를 내어 죽을 쑤기도 하고 된장이나 간장의 원료가 되고 떡과 과자 제조에도 이용된다.

종실류

참깨와 같은 종자류와 과일의 핵에 포함된 인, 종자 등으로 이루어진 견과류를 일컫는다. 지방질과 단백질이 풍부한 것이 많지만 전분이 풍부한 것도 있다.

견과류는 열매의 외피가 단단해진 것으로, 먹을 수 있는 부위는 종자의 자엽부이다. 밤, 호두, 잣, 은행, 아몬드 등이 해당된다.

대추　　　밤　　　실깨

검정깨　　　참깨　　　잣

밤(Chestnut)

밤은 전분이 30% 정도이고 견과류 중 비타민 C가 가장 풍부하여 피부미용, 피로회복, 감기 예방 등에 효과가 있으나 저장성이 낮아 말리거나 병조림 혹은 통조림하여 보관한다. 잘 여문 밤을 말려 속껍질까지 제거한 것이 황률이다.

　속껍질에는 탄닌이 있어 떫은맛이 나며, 이것을 말려 끓여 먹는 음료인 율추숙수가 있다.

호두(Walnut)

단백질과 지방이 풍부하며 특유의 향미가 있어 떡, 한과, 아이스크림, 제과 등에 널리 이용된다. 호두의 속껍질은 떫은 맛이 강하므로 조리 시에는 식초물이나 따뜻한 물에 담가 벗겨서 사용한다. 지방 함량이 높아 기름을 짜서 사용하기도 하나 불포화지방산 함량이 높아 산패가 잘 일어난다.

잣(Pine nut)

잣은 고깔을 떼어내고 그대로 쓰거나 반으로 가른 비늘잣 혹은 잣가루를 만들어 사용한다. 잣을 다질 때는 반드시 종이나 한지를 깔고 칼날로 다져야 보슬보슬한 잣가루를 만들수 있다. 잣에는 불포화지방산이 많아 산패가 빠르고 냄새를 흡수하므로 밀봉하여 냉동보관해야 한다. 또한 잣에 들어 있는 아밀라아제는 내열성이 있어 잣죽을 끓일 때 묽어지게 하는 원인이 되므로 마지막에 넣는다.

깨(Sesame)

깨에는 지방이 45~55% 들어 있고, 탄수화물, 단백질, 비타민 등이 풍부하며, 식용유로 품질과 향미가 좋아 참기름, 들기름 등을 생산하여 한국음식의 양념으로 사용한다. 그 외에 조미료, 떡, 한과, 공업용 등 다양하게 사용된다. 기름을 짜내고 남은 깻묵은 사료와 비료로서 중요하게 이용된다.

깨는 우리나라에서 널리 이용되는 식품으로 《동국세시기》나 《열양세시기》 등에도 깨를 이용한 엿강정, 깨를 소로 넣은 상화병 등이 시식이나 절식으로 소개되어 있다.

채소 및 과일류

채소류는 전 세계적으로 약 800여 종류가 있는데 수분함량이 80~95%로 비타민과 무기질의 중요한 공급원으로 독특한 풍미와 다양한 색깔로 식욕을 증진시킨다. 채소류는 주로 이용하는 부위에 따라 경엽채류, 근채류, 과채류, 화채류로 분류한다. 경엽채소류는 잎, 줄기 싹을 주로 식용으로 하고, 근채류는 지하에 양분을 저장한 뿌리 부분을 식용으로 하는 채소이다. 채소류는 생채, 숙채 등의 나물류와 김치 등 발효식품에 중요한 재료이며, 떡과 한과에도 다양하게 사용된다.

무(Radish)

원산지는 중국이며, 겨자과에 속하는 1년생 초본으로 온도 0°C, 습도 90~95%에서 약 3개월간 저장이 가능하다. 보관 시 수분 증발이 심하므로, 비닐 또는 종이에 싸서 보관한다. 가을철에 무를 채 썰어 팥시루떡에 넣어 먹기도 한다.

무에는 디아스타아제(diastase)라는 소화효소가 들어 있어 전분의 분해를 돕는다. 또한 메틸메르캅탄(methyl mercaptan), 머스터드 오일은 무 특유의 매운맛과 향 성분이다.

호박(Pumpkin)

호박은 애호박, 쥬키니호박, 단호박, 청둥호박으로 구분하며, 온도 10°C, 습도 85%에서 2개월간 저장이 가능하다. 청둥호박은 저온보관보다는 상온보관이 좋다. 애호박은 전이나 선에 이용하고, 둥근호박과 쥬키니호박은 나물 등에, 또한 늙은 호박이라고 하는 청둥호박은 과육이 주황색으로 카로티노이드 색소를 지니고 있어 비타민 A가 풍부하며, 호박의 씨는 단백질과 지방이 풍부하여 떡에 첨가 시 영양 보충의 효과가 있다. 호박꽃은 식용으로 이용하며, 단호박은 찌거나, 호박죽 등을 만들어 먹는다. 애호박 말린 것은 호박오가리이고, 청둥호박 말린 것은 호박고지라고 하며, 박을 말린 것을 박고지라고 한다.

도라지(Bellflower rot)

가늘고 짧은 것으로, 독특한 향이 나고 원뿌리로 갈라진 것으로 껍질을 벗기면 노란색을 띠면서 부드러운 질감을 나타내며, 섬유질이 적은 것이 좋은 것이다. 도라지는 쓴맛이 있는데 이는 알칼로이드 성분으로 수용성이므로 물에 담가서 우려낸 뒤 잘 주물러 씻어낸다. 섬유소가 2.4% 정도 함유되어 있고, 칼슘이 많아 대표적인 알칼리성 식품으로 정과류에 많이 이용된다.

더덕(Bonnet bellflower)

더덕은 굵기가 일정하고, 향이 진하며, 잔털이 없고 껍질이 트지 않은 것이 좋은 것이다. 껍질은 흙을 잘 털어내고 잔뿌리를 제거한 다음, 살짝 구워서 수분을 제거한 뒤 옆으로 돌려가며 벗긴다.

더덕에는 사포닌과 칼슘 90mg, 그리고 철분도 2.1mg 함유되어 있다.

상추(Lettuce)

원산지는 유럽, 아시아, 북부아프리카로 1~2년생 초본식물이며, 전 세계적으로 널리 재배되고 있다. 상추는 페놀 성분이 있어 칼로 자르면 단면이 갈변하기 쉬우므로 가능한 한 손으로 뜯어서 사용하며, 씻어서 보관하면 물러지기 쉬우므로 씻지 않은 상태에서 비닐에 싸거나 젖은 종이에 싸서 보관한다. 잎상추의 줄기 절단면에서 나오는 유액은 락투신(lactucin), 렉투코피신(lectucopicin)으로 쓴맛을 내며, 신경안정 작용을 한다. 또한 쿼세틴(quercetin)류나 루텔린(rutelin)은 심장, 창자, 위 등의 내장을 보호하는 작용을 한다.

쑥(Mugwort)

국화과의 여러해살이풀로 무기질과 비타민 A가 많아 세균에 대한 저항력을 키워 주며, 시네올(cineol)이라는 특유의 정유 성분은 입맛을 돋우어 준다. 3, 4월에 나는 어린 쑥을 떡에 넣어 쑥버무리, 개피떡을 해 먹기도 한다. 5월 단오 이후에는 쑥의 윗부분을 사용하는데 약으로서의 효능이 가장 높을 때라고 한다.

대추(Jujube)

식품뿐만 아니라 한방약재로도 사용되는 것으로 비타민 C의 함량이 특히 많고, 기혈의 부족, 만성간염, 영양불량, 병후회복, 노화방지 등의 효과가 있다. 또한 열매가 많이 열려 풍요와 다산의 의미가 있어 폐백에 쓰이고, 미음, 떡, 한과의 재료로 이용한다.

떡을 만드는 도구

시루

시루는 바닥에 구멍이 여러 개 뚫려 있어 물솥에 올려놓고 불을 때면 뜨거운 수증기가 구멍으로 들어가 시루 안의 떡이 익는다. 이때 김이 잘 오르고 가루가 구멍으로 새어 나가지 않게 시루밑을 깐다.

고사(告祀)를 지낼 때 큰 시루는 성주시루, 중 시루는 터주시루로 썼고, 작은 시루는 백설기를 쪄서 다락에 놓았다고 한다. 재료별로는 도제·질그릇·동제 등이 있고, 중부 지방에서는 질그릇 시루를 많이 쓰고 남부 지방에서는 도제 시루를 많이 쓴다.

시루

대나무찜기

대나무로 만든 찜기는 뚜껑과 찜기로 되어 있고, 물솥이 깊어 물을 많이 부어 찔 수 있으며, 시루처럼 시룻번을 붙이지 않아도 되므로 도중에 물이 부족하면 보충할 수 있고 떡 밑에 물이 차지 않는다.

대나무찜기

체

가루를 일정한 굵기로 만들기 위한 기구로 고운체(깁체), 중간체, 어레미 등 체의 굵기에 따라 여러 가지가 있다.

고운체

강란용 생강을 갈아서 매운맛을 뺄 때나 고운 팥앙금을 만들 때 사용하면 적당하다.

어레미

굵은체를 말하며 지방에 따라 얼맹이, 얼레미, 얼금이 등으로 불린다. 원래는 떡고물이나 메밀가루 등을 내릴 때 주로 사용한다.

체

중간체

쌀가루를 내리거나 약과용 밀가루, 율란용 밤고물을 내릴 때 사용한다.

무스틀

무스틀은 꽃 모양, 하트 모양, 네모 모양 등 다양한 모양을 낼 수 있으나 재질이 스테인레스이므로 열전도율이 높아 떡이 다 쪄질 때까지 그대로 두면 떡 가장자리가 익지 않으므로 떡을 10분 정도 찌고 형태가 잡히면 무스틀을 빼고 분무기로 물을 뿌려주고 다시 쪄야 한다.

무스틀

떡살

떡본 또는 떡손·병형(餅型)이라고도 한다. 고려시대부터 사용한 것으로 알려져 있는 떡살은 재질에 따라 나무떡살과 자기떡살로 나눌 수 있다.

태극무늬는 우주의 근원과 음양의 조화를 상징하고, 격자무늬는 벽사(辟邪, 귀신을 쫓음)를 상징하고, 수복(壽福)무늬는 장수와 복을 상징한다. 또한 국화무늬는 길상(吉相)과 장수를 상징하고, 십장생(十長生)·봉황·잉어·벌·나비·새·박쥐 등의 동물무늬는 장수와

떡살

해로·자손의 번창과 출세를 상징하며, 동그라미무늬는 하늘을, 네 모무늬는 땅을 의미한다.

다식판

길쭉하고 단단한 나뭇조각의 위아래에 다식 모양을 파낸 것과 한 조각에 구멍을 파낸 것도 있으며, 원형·화형·물고기 등을 음각으로 파낸 하나의 판으로 된 것도 있다. 양각판의 돌출부에 壽(수)·福(복)·康(강)·寧(녕) 또는 완자무늬·꽃무늬 등이 음각되어 있다. 다식을 박을 때에는 윗판을 올려 괴고 구멍에 반죽을 넣어 눌러 찍으면 된다. 다식은 혼례·회갑·제례 등에 반드시 쓰이는 조과품이었다.

다식판

약과틀

약과를 만들 때 모양을 박아내는 틀로 구조는 다식판과 같으나 파인 크기가 다식판보다 크다. 나무 재질의 약과틀을 많이 사용하나 근래에는 스테인리스나 플라스틱 등 다양한 재질의 것을 사용하기도 한다.

약과틀

강정틀

깨엿강정이나 쌀강정 재료를 엿물에 버무린 후 쏟아서 굳힐 때 사용하는 도구로 나무나 스테인리스로 만들어졌다. 쌀강정은 두꺼운 것으로, 깨엿강정은 얇은 것으로 만든다. 기름을 약간 바른 비닐을 깔고 버무린 재료를 틀에 쏟아 밀대로 민 다음 약간 굳힌 후 자른다.

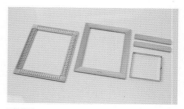

강정틀

기타

○ 구름떡틀, 개피떡틀

- 양갱틀
- 모양틀
- 공예용품
- 모양을 내는 도구

현대식 떡 기계
- 가래떡 성형기
- 사각 스팀찜기
- 쌀 분쇄기
- 쌀 세척기
- 원형 3단케이크 시루
- 원형 스팀시루
- 인절미 절단기

구름떡틀, 개피떡틀

양갱틀

모양틀

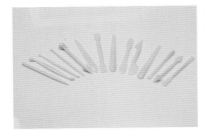
공예용품

모양을 내는 도구(매작과틀)

가래떡 성형기   사각 스팀찜기

쌀 분쇄기   쌀 세척기

원형 3단케이크 시루   원형 스팀시루   인절미 절단기

　　※ 사진 제공 : 명원종합기계

색을 내는 재료

색을 내는 재료

붉은색

백년초가루, 비트가루, 자색고구마가루, 블루베리가루, 오미자즙, 지치, 딸기가루, 홍국쌀가루, 팥앙금가루

노란색

치자열매, 치자가루, 단호박가루, 홍화, 송홧가루, 울금, 진피가루, 황치즈가루

갈색

코코아가루, 대추고, 계핏가루, 감가루

검은색

석이가루, 흑임자가루, 흑미가루

녹색

쑥가루, 녹차가루, 솔잎가루, 시금치가루, 파래가루, 승검초가루, 뽕잎가루, 브로콜리가루

고명으로 쓰이는 재료

호두, 대추꽃, 대추채, 밤채, 석이버섯채, 비늘잣, 잣가루, 통아몬드, 아몬드 슬라이스, 호박씨, 해바라기씨 등이 쓰인다.

붉은색을 내는 재료

노란색을 내는 재료

갈색을 내는 재료

검은색을 내는 재료

녹색을 내는 재료

고명으로 쓰이는 재료

전분의 호화와 노화

호화

전분 입자는 결정 부분과 비결정 부분이 수소결합에 의해 치밀한 미셀(micelle) 구조를 이루고 있다. 생전분(β-전분)은 냉수에 녹지 않고 소화효소의 작용을 받기도 어려우며, 비중이 커서 물에 가라앉는다. 생전분에 물을 넣고 가열하면 흡수와 팽윤이 진행되고, $60 \sim 65°C$가 되면 전분입자는 급격히 팽윤하게 된다. 그리고 온도가 점차 상승하면서 전분용액의 점성과 투명도가 증가하고, 반투명의 콜로이드 상태로 되는데 이 현상을 호화라 한다(α-전분). 즉 호화는 분자 간 수소결합이 수분 흡수에 의한 팽윤과 열에 의해 끊어지면서 생전분의 미셀 구조가 규칙성을 잃고 흐트러지면서 미셀 내부에 생긴 공간 사이에 물 분자가 들어가 활발히 움직여서 생긴다.

호화에 영향을 미치는 조건에는 전분의 종류와 전분 입자의 크기, 수침시간과 가열온도, 첨가물, 젓는 정도 등이 있다.

떡은 쌀가루를 호화시켜 만든 대표적인 음식인데 쌀을 물에 충분히 불려서 가루로 만들면 수분함량이 30% 정도가 된다. 완성된 떡의 수분함량은 $40 \sim 50\%$이므로 쌀가루가 쪄지면서 충분히 호화될 수 있도록 적당한 수분과 열이 가해져야 한다. 또한 쌀 단백질은 밀 단백질과 같이 점성을 나타내는 글루텐이 없으므로 빚는 떡을 할 때는 끓는 물로 반죽을 해야 쌀 전분의 일부가 호화되면서 점성이 생겨 반죽하기가 쉬워지는데 이것을 익반죽이라 한다. 또한 쌀가루를 체에 치거나 손으로 많이 치대면 미세한 공기가 혼입되어 촉감이 좋아지고 백색도도 증가한다.

노화

노화란 호화된 전분을 공기 중에 방치했을 때 불투명해지고 흐트러졌던 미셀 구조가 규칙적으로 재배열되면서 생전분의 구조와 같은 물질로 변하는 현상을 말한다(β화, retrogradation). 노화가 진행되면 소화효소의 작용을 받기 어렵고, 식감도 떨어진다.

　노화 속도에 영향을 주는 조건은 전분입자의 종류, 온도와 수분함량, pH 등이다. 아밀로오스는 직선상의 분자이므로 입체장애가 없어서 노화되기 쉬우나, 아밀로펙틴은 분지상 구조로 입체장애를 받으므로 재결합이 어려워져 노화 속도가 늦어진다. 또한 전분의 노화는 $0 \sim 4°C$, 수분함량 $30 \sim 60\%$일 때 가장 쉽게 일어나고, 묽은 염산이나 황산용액은 노화 속도를 증가시킨다.

　따라서 노화를 방지하기 위해서는 호화용액의 수분함량을 60% 이상 또는 15% 이하로 유지하거나, $0°C$ 이하로 냉동건조해 수분함량을 15% 이하로 조절하면 노화를 방지할 수 있다. 또한 호화된 전분의 설탕 농도가 높으면 설탕의 흡습작용에 의하여 노화가 잘 일어나지 않고, 모노글리세라이드(monoglyceride)나 다이글리세라이드(diglyceride)와 같은 유화제나 지방을 첨가하면 지방이 수소결합을 방해하여 노화를 방지한다.

기본적인 떡 제조과정

쌀 씻기	멥쌀 또는 찹쌀을 뿌연 물이 나오지 않을 때까지 물로 깨끗이 세척한다.

▼

쌀 불리기	씻은 쌀에 물을 붓고 여름에는 4~5시간, 겨울에는 7~8시간 수침한다. 불린 멥쌀은 무게가 1.2~1.3배, 찹쌀은 1.4배 증가한다(쌀의 불린 정도는 쌀의 중심부에 백색 부분이 있으면 불리는 시간이 부족한 것으로 판단한다. 쌀의 수분함량, 도정 후 경과시간에 따라 불리는 시간이 다르므로 최적의 시간을 찾는 것이 필요하다).

▼

1차 쌀가루 분쇄	불린 쌀을 체에 건져 30분 정도 물을 뺀 다음 방아기계에 넣어 분쇄한다. 소금의 양은 불린 쌀 1kg당 12g이 적당하다.

▼

물 내리기	분쇄한 쌀가루에 물을 주어 쌀가루의 호화를 돕는 작업으로, 물은 불린 쌀 1kg당 150~200g을 넣는다. 찹쌀은 멥쌀보다 더 적게 넣고 2차 분쇄해서 물이 골고루 흡수되게 한다(우유나 과즙 등 다른 액체로 물 주기를 할 경우 물을 넣을 필요가 없다).

▼

2차 쌀가루 분쇄	물 내리기한 가루를 수분이 골고루 흡수되도록 다시 방아기계에 넣어서 분쇄한다.

▼

부재료 첨가	쑥이나 수리취, 콩, 팥, 견과류 등을 첨가한다.

▼

찌기	쌀가루를 시루에 넣고 증기로 찌는 작업으로, 물의 온도는 100℃를 유지한다.

▼

포장하기	떡이 마르지 않게 잘 포장한다.

쌀 씻어 불리기 → 물빼기 → 불린 쌀에 소금 넣기 → 1차 쌀가루 분쇄 → 물 내리기 →
2차 쌀가루 분쇄 → 설탕 계량하여 쌀가루에 혼합하기 → 찌기 → 뜸들이기 → 포장하기

고물 만들기

붉은팥고물

계량하기 → 붉은팥 씻어 일기 → 삶기 → 첫물 버리기 → 다시 넉넉히 물을 부어 무르도록 삶기 → 여분의 물을 따라 버리고 약불에서 충분히 뜸 들이기 → 소금 간하여 찧기〔팥 5컵(825g)에 소금 1큰술(12g)〕

팥앙금가루

계량하기 → 붉은팥 씻어 일기 → 삶기 → 첫물 버리기 → 다시 물을 넉넉히 부어 푹 무르게 삶기 → 고운체에 팥을 넣고 물을 부어가며 비벼 앙금은 내리고 팥 껍질 제거하기 → 앙금을 두 겹으로 된 헝겊 주머니에 넣고 물기 제거하기 → 팥앙금의 수분을 제거하고 소금과 설탕을 넣어 볶기

거피팥고물

계량하기 → 미지근한 물에 2시간 이상 불리기 → 껍질 벗기기 → 찜통에 푹 무르게 찌기
→ 찐 팥에 소금 간하여 으깬 후 체에 내리기〔거피팥 5컵(850g)에 소금 1큰술(12g)〕

녹두고물

미지근한 물에 2시간 이상 불리기 → 껍질 벗기기 → 찜통에 푹 무르게 찌기 → 찐 녹두에
소금 간하여 으깬 후 체에 내리기〔녹두 5컵(825g)에 소금 1큰술(12g)〕

볶은 거피팥고물

계량하기 → 미지근한 물에 2시간 이상 불리기 → 껍질 벗기기 → 찜통에 푹 무르게 찌기 → 찐 팥을 으깬 후 체에 내리기 → 체에 내린 거피팥고물에 간장, 설탕, 계핏가루를 순서대로 넣어 보슬보슬하게 볶기

흑임자 고물

깨끗이 씻어 일어 물기 빼고 볶기 → 고물로 쓸 때는 소금 간을 하여 반 정도 으깨어 사용

콩고물

콩을 불리지 않고 빨리 씻어 일어 물기 제거 → 볶기 → 식혀서 소금 간하기 → 분쇄기에 갈아 고운체에 내리기

실깨고물

깨를 씻어 일어 2시간 이상 불리기 → 커터기에 물을 자작하게 붓고 20~30초간 돌리기 → 그릇에 깨와 물을 넣고 떠오르는 껍질을 제거하고 남은 깨는 물기 빼고 볶기 → 고물로 쓸 때는 반 정도 으깨어 소금 간하여 사용하고 송편 소로 쓸 때는 설탕과 소금 간하기

밤고물

깨끗이 씻어 물을 붓고 푹 찐 다음 반을 갈라 밤 속을 꺼내 체에 내리기

잣고물

고깔을 떼어내고 마른행주로 먼지를 닦은 후 한지나 종이를 깔고 칼날로 다지기

전통떡·
한과·
음청류
만들기

찌는 떡 │ 치는 떡 │ 삶는 떡 │ 지지는 떡
떡케이크 │ 한과류 │ 음청류 │ 청류

찌는 떡

떡을 찔 때에는 김을 잘 올리고, 뜸을 알맞게 들여야 맛있는 떡이 된다.
이때 불 조절을 잘 해야 하는데, 불을 너무 세게 하면 불길이 찜솥 주위로 가서
떡이 익기도 전에 가루가 먼저 말라 떡이 설익게 된다.
스테인리스 소재로 된 무스틀을 사용할 경우에는 떡 주위가 설익을 수 있으므로
10분 정도 찐 후 틀을 빼내고 10분 정도 더 쪄낸다.

백설기 ＋ 무지개떡 ＋ 잡과병 ＋ 단호박떡 ＋ 붉은팥시루떡 ＋ 대추설기 ＋ 약식 ＋ 증편
두텁떡 ＋ 쇠머리찰떡 ＋ 콩찰편 ＋ 구름떡 ＋ 깨찰편 ＋ 깨찰편말이 ＋ 쑥개떡 ＋ 삼색송편

백설기

백설기는 시루떡의 가장 기본이 되는 떡이다. 떡의 색이 희기 때문에
신성한 의미로 여겨져 통과의례 등의 행사에 필수 음식으로 사용되었다.

재료 및 분량

멥쌀가루 5컵(450g), 물 5큰술(75g), 설탕 50g

만드는 법

1. 쌀가루에 물을 넣고 고루 비벼 중간체에 내려 물 내리기를 한 후 설탕을 고루 섞는다.
2. 찜기에 시루밑을 깔고 쌀가루를 고르게 펴 안친다.
3. 가루 위로 김이 오르면 뚜껑을 덮어 20분 정도 찐 후 불을 끄고 5분간 뜸을 들인다.
4. 떡을 뒤집어서 한 김 나가면 포장한다.

도움말
1. 쌀가루에 미리 칼로 금을 그으면 완성 후 깨끗하게 떨어진다.
2. 쌀가루에 미리 설탕을 넣으면 수분을 흡수하여 덩어리가 생기므로 찌기 직전에 넣는다.
3. 쌀가루를 체에 여러 번 내리면 공기층이 생겨 부드럽고 폭신한 질감을 느낄 수 있다.
4. 쌀가루를 빻을 때 소금을 넣지 않았을 경우 쌀가루 10컵당 1큰술(12g)의 소금을 물에 타서 넣으면 적당하다.

주의사항
1. 계량컵과 계량스푼으로 계량을 할 경우 제품마다 용량의 차이가 있고, 계량하는 사람마다 측정 방법이 다르므로 그 값이 일정하지 않다. 따라서 쌀가루와 고운가루의 경우 흔들지 않고 담아 스크래퍼로 깍아서 계량하고, 물의 경우 볼록하게 올라오게 계량한다. 또한 입자가 큰 재료의 경우는 살짝 흔들어 공간을 일정하게 한 후 깍아 계량한다.
2. 쌀가루의 경우 수분함량이 일정치 않으므로 첨가하는 물의 양은 가감해야 한다.

무지개떡(색떡)

쌀가루에 여러 가지 천연색소를 넣어 찐 떡으로,
생일이나 행사 때 주로 사용한다.

재료 및 분량

멥쌀가루 10컵(900g), 단호박가루 5~10g, 흑임자가루 5~10g, 코코아가루 5g, 자색고구마가루 5~10g, 쑥가루 4g,
설탕 100g, 대추 2개, 호박씨 10g, 해바라기씨 10g

만드는 법

1. 멥쌀가루는 5등분한다.
2. 멥쌀가루에 흰색을 제외한 나머지 천연색소(단호박가루, 코코아가루, 자색고구마가루, 쑥가루, 흑임자
    가루)를 각각 섞은 후 물을 넣어 잘 비벼서 중간체에 내리고, 찌기 직전에 설탕을 넣는다.
3. 찜기에 시루밑을 깔고 쌀가루를 갈색, 초록색, 붉은색, 노란색, 흰색의 순서로 안친다.
4. 가루 위로 김이 골고루 오르면 20분 정도 찐 후 불을 끄고 5분간 뜸 들인다.

도움말

1. 무지개떡은 다양한 발색제를 사용하여 여러 가지 색을 표현할 수 있다. 용도에 따라 색상 선택 및 그 색상을 표현할 수 있는 발색제의 선택에
   변화를 주거나, 색 배열에 변화를 줌으로써 다양한 느낌의 무지개떡을 만들 수 있다.
2. 천연색소를 마른 가루 상태로 쌀가루에 넣으면 수분이 부족해질 수 있으므로 평소보다 수분을 더 넣거나 미리 물에 개서 사용하면 좋다.
3. 흑임자가루를 사이사이에 얇게 넣으면 색을 더욱 돋보이게 할 수 있다.
4. 노란색이 선명하게 나타나지 않는 치자는 그 양을 늘린다. 다른 발색제 또한 색상이 선명하지 않을 경우 사용량을 늘린다.
5. 무지개떡을 절단할 때는 아크릴로 된 보조기구를 사용하면 좋다. 아크릴 보조기구는 일종의 자와 같은 역할을 하는 것으로 원하는 크기로 똑
   바로 자르도록 도와주고, 쌀가루를 시루에 안친 후 표면을 살짝 눌러 떡의 표면을 깔끔하게 정리하는 데 도움을 준다.

잡과병

초기에는 '잡과편', '잡과고' 등으로 불리다가 후대로 내려오면서
여러 가지 과일을 섞는다는 의미에서 잡과병(雜果餠)이라고 불리게 되었다.

재료 및 분량

멥쌀가루 5컵(450g), 흰설탕 2큰술(20g), 황설탕 3큰술(30g), 밤 50g, 대추 20g, 곶감 2개, 유자청건지 50g

만드는 법

1. 멥쌀가루에 물을 넣고 손으로 잘 비벼 중간체에 내린다.
2. 밤은 껍질을 벗겨 4~6등분하고, 대추는 씨를 발라내어 4등분한다. 곶감은 씨를 빼고 대추와 같은 크기로 썰고 유자청건지는 잘게 다진다.
3. 준비된 2의 재료를 쌀가루에 넣어 고루 섞고 설탕을 넣는다.
4. 찜기에 시루밑을 깔고 쌀가루를 고루 펴 안친다.
5. 가루 위로 골고루 김이 오르면 20분 정도 찐 후 불을 끄고 5분간 뜸을 들인다.

도움말

잡과병에 넣는 부재료는 밤, 대추, 곶감 외에도 호박고지, 박고지, 과일 말린 것, 생과일, 콩 등을 다양하게 이용할 수 있다.

단호박떡

멥쌀가루에 단호박 찐 것을 물 대신 넣어
물 내리기를 하고 생 단호박을 섞어 찐 떡이다.
호박의 부드러움과 녹두고물의 고소함이 일품인 떡이다.

재료 및 분량

멥쌀가루 5컵(450g), 설탕 5큰술(50g), 찐 단호박 70g, 껍질 벗긴 단호박 50g, 거피녹두 1/2컵(85g),
소금 1/2작은술(2g)

만드는 법

1. 찐 단호박은 체에 내려 멥쌀가루에 섞어 골고루 비빈 후 중간체에 내려 물 내리기를 한다.
2. 생 단호박은 잘라 껍질을 벗겨 씨를 제거하고 0.5cm 두께로 썰고, 거피녹두는 2시간 이상 불려 껍질을 벗기고 찜통에 찐 후 소금을 넣고 빻아 굵은 체(어레미)에 내린다.
5. 찐 단호박을 넣어 체에 내린 쌀가루에 설탕을 넣어 고루 섞는다.
6. 찜기에 시루밑을 깔고 고물을 고르게 편 후 준비된 쌀가루, 단호박, 쌀가루, 고물의 순서로 안친다.
7. 가루 위로 김이 골고루 오르면 20분 정도 찐 후 불을 끄고 5분간 뜸을 들인다.

도움말

단호박을 찔 때는 자른 면이 아래로 오게 놓고 쪄야 물이 고이지 않고 맛있게 쪄진다.

붉은팥시루떡

팥의 붉은색은 잡귀가 두려워하여 액을 막아 준다고 하여
고사떡이나 봉치떡, 아이들의 생일에 해 먹는 수수팥경단에 사용하였다.
찰시루떡을 여러 켜 안칠 때에는 팥고물 위로 김이 올라오는 것을 확인하고
다시 쌀가루를 펴서 안쳐야 떡이 설익지 않는다.

재료 및 분량

멥쌀가루 5컵(450g), 팥 2컵(330g), 소금 1큰술(12g), 설탕 10큰술(100g)

만드는 법

1. 멥쌀가루 5컵에 물 4~5큰술을 넣어 골고루 섞어 중간체에 내려 물 내리기를 한다.
3. 팥은 물을 잠길 정도만 붓고 삶아 한소끔 끓으면 그 물을 버리고 다시 찬물을 넉넉히 부어 팥이 무를 때까지 삶는다.
4. 팥이 거의 익으면 물을 따라내고 약한 불에서 뜸을 들인 후 소금을 넣고 대강 찧어 팥고물을 만든다.
5. 찜기에 시루밑을 깔고 팥고물을 시루밑이 보이지 않을 정도만 넣은 다음 멥쌀가루, 팥고물, 멥쌀가루, 팥고물을 켜켜로 안친 후, 솥 위에 올리고 밀가루로 반죽한 시룻번을 붙인다.
6. 베 보자기를 물에 적셔 시루 위를 덮고 센 불에서 찌다가 김이 오르면 30분 정도 찐 후 불을 끄고 5분간 뜸을 들인다.

도움말

1. 무가 가장 맛있는 10월에는 붉은팥무시루떡을 많이 해 먹는다. 쌀가루와 무가 어우러져 맛이 부드러울 뿐 아니라 무의 전분분해효소로 인해 소화가 잘 되게 한다.
2. 무에 수분이 많으므로 소금에 살짝 절여 물기를 제거하고, 평소보다 수분을 적게 넣는다.
3. 붉은팥고물을 찧는 방법으로는 재래의 전통적 방법인 절구공이로 빻는 방법과 롤밀을 이용하는 방법, 펀칭기를 이용하는 방법이 있다.

대추설기

쌀가루에 대추고와 막걸리를 넣어 물 내리기를 한 후
고명을 얹어 찐 떡으로 약편이라고도 한다.

멥쌀가루 5컵(450g), 대추고 1/2컵(100g), 막걸리 1/4컵(50g), 설탕 5큰술(50g), 밤 2개, 대추 4개, 석이 1장, 잣 10g

만드는 법

1. 멥쌀가루에 대추고와 막걸리를 넣고 손으로 잘 비벼 중간체에 내린 후 설탕을 섞는다.
2. 밤은 얇게 저며서 곱게 채 썬다.
3. 대추와 석이버섯도 곱게 채 썬다.
4. 잣은 반으로 길게 잘라 비늘잣을 만든다.
5. 찜기에 쌀가루를 넣고 고루 편 다음 채 썰어 둔 밤, 대추, 석이버섯과 비늘잣 고명을 위에 올리고 김
   오른 찜솥에 올려 20분간 찌고 5분간 뜸을 들인다.

도움말

1. 대추고는 대추를 푹 삶아 거른 것으로, 대추살을 발라 쓰고 남은 대추씨를 모아 두었다가 삶아 걸러서 쓰기도 한다.
2. 충청도 지역의 향토음식이다.

약식

찹쌀을 불려 쪄서 참기름·꿀·설탕·간장·밤·대추·잣·계핏가루 등을
넣고 버무려 다시 쪄서 만든 떡으로 정월 대보름의 절식이다.

재료 및 분량

찹쌀 5컵(800g), 황설탕 1컵(140g), 참기름 4큰술(48g), 진간장 3큰술(51g), 계핏가루 1작은술(2g),
대추고 3큰술(45g), 밤 10개, 대추 10개, 잣 50g, 꿀 1/3컵(93g)

만드는 법

1. 찹쌀은 뽀얀 물이 나오지 않을 때까지 깨끗이 씻어 일어 5시간 이상 불린 후 물기를 뺀다.
2. 찜기에 면보를 깔고 40분 정도 쌀이 푹 무르게 찐다.
3. 대추에 충분한 물을 붓고 뭉근한 불에서 푹 고아 중간체에 내린다. 수분이 많이 남아 있을 때는 볶
   아서 되직하게 만들어 대추고를 만든다.
4. 밤은 4~6등분하고, 대추는 씨를 발라 3~4등분, 잣은 젖은 면보로 닦아 고깔을 떼어낸다.
5. 찹쌀이 쪄지면 뜨거울 때 그릇에 쏟아 황설탕을 넣어 밥알을 누르지 말고 주걱으로 자르듯이 고루 섞
   은 후 참기름, 진간장, 계핏가루, 대추고 순서로 넣는다.
6. 5에 준비한 밤과 대추를 섞는다.
7. 양념한 찹쌀밥을 2시간 이상 상온에 두어 양념이 스며들게 한다.
8. 찜통에 젖은 면보를 깔고 7의 찹쌀밥을 40분 정도 쪄 내어 그릇에 쏟아 모양을 낸다.

도움말

처음 찹쌀을 찌는 동안 소금물을 2~3번 정도 뿌려가며 쪄야 윗부분까지 골고루 익는다.

증편

증편은 술(막걸리)로 반죽하여 부풀게 한 다음 대추·밤·잣·석이버섯 등으로
고명을 얹어 장식하여 찐 떡이다. 기주떡, 기증병, 기지떡, 술떡, 벙거지떡 등으로 불리며,
막걸리를 사용하여 만들기 때문에 빨리 쉬지 않아 여름에 만들어 먹기 좋은 떡이다.

재료 및 분량

멥쌀가루 5컵(450g), 생막걸리 3/4컵(150g), 물 3/4컵(150g), 설탕 1/2컵(75g), 대추 2개, 석이버섯 5g, 검정깨 5g

만드는 법

1. 멥쌀가루는 체에 3~4회 내려 고운 가루를 만든다.
2. 물을 50℃ 정도로 데워 설탕과 막걸리를 섞는다.
3. 반죽을 30~35℃의 따뜻한 곳에서 3~4시간 동안 1차 발효시킨 후 부풀어 오르면 저어서 공기를 빼고 다시 랩을 씌워 2시간 동안 2차 발효시킨다.
4. 2차 발효된 반죽을 잘 저어 공기를 빼고 1시간 더 발효시킨다.
5. 대추는 채 썰거나 꽃 모양 틀로 찍고 석이버섯은 따뜻한 물에 불려 비벼 씻어 곱게 채썬다. 잣은 길게 반 갈라 비늘잣을 만든다.
6. 발효된 반죽을 잘 저어 공기를 빼고 기름칠한 틀에 70~80% 정도 채우고 준비한 고명을 올린다.
7. 김 오른 찜기에 넣어 쪄낸 다음 한 김 나가면 윗면에 식용유를 바른다.

도움말

1. 막걸리 대신 이스트, 베이킹파우더, 엿기름물 등을 이용할 수 있으나 너무 많은 양을 사용하면 기포가 많이 생성되고 발효가 지나쳐 맛이 시어진다.
2. 증편에 쓰이는 쌀가루는 고울수록 좋으며, 반죽은 된죽 정도가 적당하다.
3. 반죽할 때 콩물을 사용하면 콩단백질이 쌀단백질과 단백질 보완작용을 하여 보다 안정된 망상구조를 이룰 수 있다.
4. 공기 빼기를 하는 적정 완료점은 일반적으로 2~3배 부풀었을 때이다.
5. 발효된 반죽을 저어 공기 빼기를 한 후 팬닝하는 시간이 길어지면 다시 발효가 진행되어 기포가 과다해지고 조직이 불균일한 제품이 생산되므로 신속히 팬닝하여야 한다. 팬닝한 다음 틀을 가볍게 톡톡 쳐서 공기를 한 번 더 빼 준다.
6. 증편 찜기의 온도가 너무 높거나 너무 오래 찔 경우 찜기의 압력에 의해 증편의 부피가 작아지며 치밀하고 작은 기공이 생길 수 있다.

두텁떡(봉우리떡)

두텁떡은 궁중에서 임금님 탄신일에 반드시 만들던 것으로, 찜기에 팥고물을 놓은 뒤
찹쌀가루를 한 수저씩 놓고 밤·대추·잣·호두·유자청건지 등으로 만든 소를 얹고,
그 위에 다시 찹쌀가루를 덮고 팥고물을 얹어 찐 것이다. 두텁떡의 팥고물은 거피팥을 쪄서
체에 내린 후 간장과 설탕을 넣어 볶아 만드는 것이 특징이다.

재료 및 분량

찹쌀가루 5컵(500g), 진간장 1~2큰술(17~34g), 설탕 1/2컵(75g)

볶은팥고물 거피팥 3컵(510g), 진간장 3큰술(51g), 설탕 1/2컵(75g), 계핏가루 1g, 후춧가루 약간
팥소 볶은팥고물 1컵(105g), 계핏가루 1g, 유자청건지 1큰술, 꿀 1큰술(18g), 잣 1큰술(10g), 대추 6개, 밤 3개

만드는 법

1. 찹쌀가루에 진간장을 넣어 골고루 비벼 중간체에 내려 설탕을 섞는다.
2. 거피팥을 충분히 불려 씻어 껍질을 벗겨 찜기에 푹 무르도록 찐 후 빻아 중간체에 내린다.
3. 체에 내린 거피팥고물에 간장, 설탕, 계핏가루, 후춧가루를 넣어 섞은 후 팬에 보슬보슬하게 볶는다.
4. 밤은 껍질을 벗겨 잘게 썰고, 대추는 씨를 빼고 밤과 같은 크기로 썬다.
5. 유자청건지는 곱게 다지고, 잣은 고깔을 뗀다.
6. 볶은 팥고물 1컵에 잘게 썬 밤, 대추, 계핏가루, 유자청건지, 잣을 고루 섞고 유자청과 꿀을 넣어 반죽한다.
7. 반죽을 조금씩 떼어 직경 2cm 크기로 동글납작하게 빚는다.
8. 찜기에 젖은 면보를 깔고 고물을 골고루 편다.
9. 찹쌀가루를 한 숟가락씩 드문드문 놓고, 그 위에 팥소를 하나씩 얹고, 다시 찹쌀가루를 덮고 거피팥고물로 위를 덮는다.
10. 가루 위로 김이 골고루 오르면 뚜껑을 덮어 20분 정도 찐다.
11. 쪄지면 떡을 숟가락으로 하나씩 떠낸다.

[도움말]

1. 팥소는 동글납작하게 만들어야 쌀가루와 소가 분리되지 않는다.
2. 거피팥은 심이 없도록 푹 쪄서 사용해야 하며 질지 않고 보슬보슬하게 볶는다.
3. 설탕을 처음부터 넣으면 질어지므로 거피팥고물의 수분이 어느 정도 제거된 후 설탕을 넣어 볶는 것이 좋다.
4. 고물을 볶을 때 이중바닥(파라핀 삽입)으로 된 볶음 솥을 사용할 경우가 있다. 이 볶음 솥은 고물이 타는 것을 막기 위해 파라핀을 넣어 약
   80℃에서 볶아 주는 솥으로 수분을 제거하는 역할만 할 뿐 구수한 맛이 나게 하지는 못한다.
5. 고물의 수분이 너무 적을 때에는 다시 찐다. 이때 수분이 지나치게 적을 때에는 고물에 물을 분무한 후 찐다.

쇠머리찰떡

찹쌀가루에 밤·대추·콩·팥·곶감 등을 넣고 쪄서 굳힌 모양이 쇠머리 편육 같다고 하여
쇠머리찰떡이라고 하며, 경상도에서는 '모두배기떡'이라고도 한다.

재료 및 분량

찹쌀가루 5컵(500g), 멥쌀가루 1/2컵(45g), 물 2~3큰술, 설탕 5큰술(50g), 밤 5개, 대추 10개, 검정콩 1/2컵(75g),
붉은팥 1/2컵(80g), 감말랭이 100g, 황설탕 2큰술

만드는 법

1. 찹쌀가루와 멥쌀가루에 물을 넣고 손으로 잘 비벼 중간체에 내린다.
2. 밤은 껍질을 벗겨 6등분하고, 대추는 씨를 발라내고 4등분한다.
3. 검정콩은 씻어 불린 후 삶아 체에 밭쳐 물기를 제거한다.
4. 붉은팥은 씻어서 팥이 잠길 정도의 물을 붓고 끓어오르면 첫 물은 따라 버리고 다시 물을 넉넉히 부
   어 팥이 푹 무르도록 삶은 후 물기를 제거한다.
5. 쌀가루에 설탕을 고루 섞고 밤, 대추, 검정콩, 팥, 감말랭이를 넣어 버무린다.
6. 찜기에 젖은 면보를 깔고 5의 부재료를 섞은 쌀가루를 넣어 흰 가루가 묻어나지 않을 때까지 약 30분
   정도 찐다.
7. 틀에 기름을 바른 비닐을 깔고 6을 쏟아 굳힌 뒤 썬다.

도움말

1. 찹쌀가루를 찔 때는 김이 골고루 올라 올 수 있도록 찹쌀가루를 한 주먹씩 쥐어 넣는다.
2. 면보에 설탕을 뿌리고 찹쌀가루를 찌면 익은 후 면보에서 떡이 쉽게 떨어진다.

콩찰편

찹쌀가루에 설탕에 조린 콩을 얹어 켜켜로 찐 떡이다.

찹쌀 5컵(500g), 설탕 5큰술(50g), 황설탕 2큰술
검은콩 2컵(300g), 설탕 5큰술(50g), 소금 3g

만드는 법

1. 검은콩은 깨끗이 씻어 일어 불려서 건진 다음, 설탕과 소금을 넣어 조린다.
2. 찹쌀가루에 물을 주어 중간체에 내린 후 설탕을 넣는다.
3. 찜기에 시루밑을 깔고 조려진 콩의 1/2을 깔고 찹쌀가루를 넣은 후 나머지 조려진 콩 1/2을 위에 얹는다.
4. 김이 오른 후 30분 정도 쪄서 뜨거울 때 위에 황설탕을 뿌린다.

구름떡

찹쌀가루에 호두·밤·대추·설탕 등을 넣어 섞은 다음 찜통에 푹 쪄서
식기 전에 잘게 등분하여 고물을 묻히고, 이것을 다시 틀에 담아 떡 덩어리가
서로 연결되도록 잘 눌러 겉에 팥앙금 고물을 묻혀 굳힌 떡이다.
이 떡은 자른 단면이 구름 모양 같다고 하여 '구름떡'이라는 이름이 붙었다.

재료 및 분량

찹쌀가루 5컵(500g), 물 2.5큰술, 설탕 5큰술(50g), 밤 3개, 대추 8개, 잣 1큰술(10g), 콩 1/4컵(37.5g),
팥앙금가루 2컵(220g)(팥 2/3컵(110g), 소금(1g), 설탕 3큰술(30g), 계핏가루 (1g)), 시럽(꿀) 약간

만드는 법

1. 붉은팥을 무르게 삶아 앙금을 내어 물기를 제거하고, 소금을 넣어 볶다가 설탕·계핏가루를 넣어 보슬
   보슬하게 볶는다.
2. 밤은 껍질을 벗겨 6~8등분한다.
3. 대추는 씨를 빼서 4~6등분한다.
4. 잣은 고깔을 떼고, 콩은 2시간 정도 불려 수분을 제거한다.
5. 쌀가루에 분량의 물을 주어 골고루 섞은 후 설탕을 넣고 부재료를 넣어 골고루 섞는다.
6. 찜기에 젖은 면보를 깔고 찹쌀가루를 안쳐 30분 정도 찌고 5분간 뜸 들인다.
7. 떡을 굳힐 틀에 팥앙금가루(흑임자가루)를 얇게 편 다음 익은 떡을 등분하여 고물을 조금씩 묻히면서
   눌러 담아 굳혀 썬다(틀에 담는 도중 중간에 시럽이나 꿀을 가늘게 뿌려 잘 붙게 한다).

도움말

1. 팥앙금을 너무 오래 볶으면 모래알처럼 거칠어지므로 주의한다.
2. 구름 모양의 층을 여러 겹 만들려면 떡을 얇게 펴서 차곡차곡 담는다.
3. 시럽이나 꿀을 뿌릴 때 너무 양이 많으면 팥앙금 고물이 얼룩지므로 가늘게 뿌린다.

깨찰편

깨찰편은 찹쌀가루에 물 내리기를 하여 켜마다 참깨고물을 올려 찐 떡이다.
조선시대에는 궁중에서 많이 해 먹었다고 한다.

재료 및 분량

찹쌀가루 6컵(600g), 물 3큰술(45g), 설탕 6큰술(60g), 실깨고물 1½컵(135g), 검정깨고물 (20g), 소금(1g)

만드는 법

1. 참깨는 불려 껍질을 벗긴 후 타지 않게 볶아 소금 간을 하여 분쇄기에 굵게 간다.
2. 검정깨는 씻어 일어 타지 않게 볶아 소금 간을 하여 분쇄기에 곱게 간다.
3. 찹쌀가루는 물을 주어 중간체에 내려 설탕을 골고루 섞은 후 2등분한다.
4. 찜기에 시루밑을 깔고 실깨 고물을 골고루 펴 안치고 쌀가루 반 분량을 고르게 편다.
5. 검정깨고물을 체로 쳐서 살짝 뿌린 후 나머지 쌀가루, 실깨 고물의 순서로 안친다.
6. 가루 위로 김이 골고루 오른 후 20분 정도 찐다.

[도움말]

중간에 뿌리는 검정깨고물의 양이 많으면 떡이 분리되므로 고운체를 이용해 얇게 뿌리는 것이 좋다.

깨찰편말이

깨찰편을 둥글게 말아 응용한 떡이다.

재료 및 분량

찹쌀가루 6컵(600g), 물 3큰술(45g), 설탕 6큰술(60g), 실깨고물 1컵(90g), 검정깨고물(20g), 소금(1g)

만드는 법

1. 참깨는 불려 껍질을 벗긴 후 타지 않게 볶아 소금 간을 하여 분쇄기에 굵게 간다.
2. 검정깨는 씻어 일어 타지 않게 볶아 소금 간을 하여 분쇄기에 곱게 간다.
3. 찹쌀가루는 물을 주어 중간체에 내려 설탕을 골고루 섞은 후 찜기에 시루밑을 깔고 실깨고물을 골고루 펴 안치고 쌀가루를 고르게 편다.
4. 검정깨고물을 체로 쳐서 살짝 뿌린 후 가루 위로 김이 골고루 오른 후 20분 정도 찐다.
5. 익은 떡을 두 번 뒤집어 말아서 썰어낸다.

도움말

떡이 식은 후에 썰어야 모양 잡기가 쉽다.

쑥개떡

삶은 쑥을 넣어 빻은 멥쌀가루를 익반죽하여 동글납작하게
빚은 다음 찜솥에 쩌서 참기름을 바른 떡이다.
강원도에서는 쑥갠떡이라고도 한다.

재료 및 분량

멥쌀가루 6컵(540g), 설탕 1큰술(10g), 끓는물 3/4~1컵(150~200g), 쑥가루 1~2큰술(4~8g), 참기름 1큰술(12g),
식용유 약간, 소금 약간

만드는 법

1. 쌀가루에 쑥가루와 설탕을 섞고 끓는 물을 넣어 익반죽한다.
2. 반죽을 알맞은 크기로 떼어 동글납작하게 모양을 내거나 떡살로 찍는다.
3. 김이 오른 찜통에 10~15분 정도 찐다.
4. 익은 떡을 꺼내어 참기름과 식용유, 소금을 섞어 바른다.

도움말

1. 흰절편과 쑥절편 덩어리를 길게 막대 모양으로 늘인 다음 네모난 떡살로 찍어 내기도 한다.
2. 태극무늬는 우주의 근원과 음양의 조화를 상징하고, 격자무늬는 벽사(辟邪, 귀신을 쫓음)를, 수복(壽福)무늬는 장수와 복을 상징한다. 또한 국화
   무늬는 길상(吉相)과 장수를 상징하고, 십장생(十長生)·봉황·잉어·벌·나비·새·박쥐 등의 동물무늬는 장수와 해로·자손의 번창과 출세를 상
   징하며, 동그라미무늬는 하늘, 네모무늬는 땅을 의미한다.

삼색송편

'송병' 또는 '송엽병'이라고도 하며 멥쌀가루를 익반죽하고
소를 넣어 빚어 쪄서 만든 추석의 대표적인 떡이다.
추수철 가장 먼저 나오는 햅쌀로 빚은 송편은 '오려송편'이라 한다.

재료 및 분량

멥쌀가루 6컵(540g), 쑥가루 1큰술(4g), 단호박가루 1큰술(5g), 콩 50g, 밤 3개, 깨소금 1/2컵(45g), 설탕 1큰술(10g),
소금 3g

만드는 법

1. 쌀가루에 끓는 물을 넣어 익반죽하여 많이 치댄다.
2. 밤은 껍질을 벗겨 잘게 썰고, 풋콩은 소금 간을 하고, 마른 콩은 불려서 삶아 소금 간을 한다.
3. 깨소금에 설탕이나 꿀을 넣어 버무린다.
4. 1의 반죽을 밤알만 한 크기로 떼어 둥글게 빚어 가운데를 파서 소를 넣고 잘 오므려 모양을 낸다. 빚은 송편에 색색으로 꽃 모양을 만들어 장식한다.
6. 찜통에 송편이 서로 닿지 않게 놓고 김이 오른 후 20분 정도 찐다.
7. 다 쪄지면 냉수에 급히 씻어서 소쿠리에 건져 물기를 제거하고 참기름을 바른다.

도움말

1. 반죽에 소를 넣고 오므려서 손으로 꽉 쥐어 공기를 빼 주어야 송편이 터지지 않는다.
2. 송편을 찔 때 솔잎을 깔고 찌면 특유의 향과 무늬가 배어나고, 방부 효과도 있다. 송편을 오래 보관하려면 물에 씻지 말고 솔잎이 있는 채 그대로 밀봉한다.
3. 미리 많은 양을 만들어 반제품 형태로 보관할 때는 냉동고에서 급냉하는 것이 좋다. 냉동실에서 1~2시간 후 비닐에 싸서 보관했다가 먹기 직전에 꺼내어 냉동상태일 때 찜기에 찌면 빚어 놓은 모양이 그대로 유지된다.

치 는 떡

모든 식품은 높은 온도에서 조리한 후 냉각하는 과정에서 변질되기 쉽다.
냉각하는 과정에서 미생물이 번식하기 가장 좋은 온도대인 30~60℃를 거쳐야 하기 때문이다.
따라서 30~60℃의 온도대를 가능한 한 빨리 통과하면 미생물에 대한 안전성도 높아진다.
또한 떡이 뜨거울 때 공기 중에 오랫동안 노출시키면 증발에 의해 떡의 수분함량이 감소하여
질이 떨어질 수 있으므로 떡을 쪄서 가능한 한 재빨리 치대어야 수분 증발을 최소한으로 억제할 수
있다. 또는 떡을 치댈 때 소금물을 소량 첨가하면 수분도 보충하고 쫄깃한 식감도 높일 수 있다.

가래떡 ＋ 절편 ＋ 꽃절편 ＋ 개피떡 ＋ 삼색인절미 ＋ 감단자
대추단자 ＋ 석이단자 ＋ 삼색찹쌀떡 ＋ 오쟁이떡

가래떡

멥쌀가루를 쪄서 안반에 놓고 많이 쳐서 둥글고 길게 늘여 만든 떡으로
모양이 길다 하여 '가래떡'이라고 부른다.
주로 설날에 먹는 떡으로 돈짝처럼 납작하게 썰어 떡국을 끓여 먹는다.

재료 및 분량

멥쌀가루 5컵(450g)

만드는 법

1. 멥쌀가루에 물을 넣어 찜기에 안쳐 20분 정도 푹 찐다.
2. 쪄진 떡을 펀칭기나 절구에 넣고 오랫동안 치댄다.
3. 쫄깃하게 쳐진 떡을 손에 물을 조금씩 발라가며 둥글고 길게 늘여 가래를 만든다.

도움말

1. 오래 치댈수록 쫄깃하고 맛이 좋으므로, 꽈리가 일도록 오랫동안 치댄다.
2. 모양을 반듯하게 하여 굳혀서 어슷하게 썰어 떡국을 끓여 먹는다.

절편

멥쌀가루를 푹 찐 다음 안반에 놓고 많이 쳐서
여러 가지 무늬의 떡살로 찍어낸 떡이다.
무늬의 크기대로 잘라내기 때문에 '절편'이라고 한다.

재료 및 분량

멥쌀가루 3컵(270g), 참기름 약간, 식용유 약간, 소금 약간

만드는 법

1. 쌀가루의 1/2은 흰색으로, 1/2은 쑥가루를 섞어 물을 내린 후 찜기에 안쳐 찐다.
2. 쌀가루 위로 김이 오르면 15분 정도 찐다.
3. 익은 떡을 펀칭기나 절구에서 쫄깃하게 될 때까지 친다.
4. 친 떡을 큰 도마에 놓고 소금물을 바르면서 둥근 막대 모양으로 밀어 떡살로 눌러 자른 후 참기름을 바른다.

꽃절편

멥쌀가루를 푹 찐 다음 안반에 놓고 많이 쳐서 여러 가지 무늬의
떡살로 찍어 낸 떡이다. 무늬의 크기대로 잘라 내기 때문에 '절편'이라고 한다.
둥글게 잘라 색색의 절편으로 장식을 하고 떡살로 찍어낸 것을 꽃절편이라 한다.

재료 및 분량

멥쌀가루 3컵(270g), 참기름 약간, 식용유 약간, 소금 약간, 백년초가루 약간, 치자물 약간, 쑥가루 약간

만드는 법

1. 쌀가루의 1/2은 아무것도 섞지 않고, 1/2은 쑥가루를 섞어 물을 내린 후 찜기에 안쳐 찐다.
2. 쌀가루 위로 김이 오르면 15분 정도 찐다.
3. 익은 떡을 펀칭기나 절구에서 쫄깃하게 될 때까지 친다.
4. 흰떡을 조금 떼어 치자물과 백년초가루를 조금씩 넣어 색을 들여 둥글고 작게 떼어 절편에 장식한다.
5. 친 떡을 큰 도마에 놓고 소금물을 바르면서 둥근 막대 모양으로 밀어 손으로 잘라 꼬리떡을 만든다.
6. 꼬리떡 중앙에 떼어 놓은 색절편을 붙인 후 떡살에 기름을 묻혀 눌러 모양을 낸다.

개피떡

멥쌀가루를 쪄서 콩고물이나 팥고물로 소를 넣고 반달 모양으로 눌러 찐 떡이다.
흔히 '바람떡'이라고도 하며, '가피떡', '갑피병'이라고도 불렸다.

재료 및 분량

멥쌀가루 3컵(270g), 물 1/2컵(100g), 쑥가루 약간, 백년초가루 약간, 치자물 약간, 붉은팥앙금 1컵(240g),
계핏가루(1g), 참기름 약간

만드는 법

1. 멥쌀가루에 물을 넣어 찜기에 젖은 면보를 깔고 10분 정도 찐다.
2. 붉은팥앙금소에 계핏가루를 넣고 밤톨만 하게 소를 빚는다.
3. 1의 쪄진 떡을 펀칭기나 절구에 쳐서 흰 반죽에 각각의 천연색소를 넣어 색을 내서 밀대로 얇게 민다.
4. 떡에 소를 놓고 덮어 개피떡틀로 반달 모양으로 찍어 내어 참기름을 바른다.

도움말

1. 떡반죽을 밀 때 길쭉한 모양으로 밀면 모양 찍기가 좋으며 바람이 들어가 봉긋한 모양이 되게 찍는다.
2. 각각 다른 색 떡반죽으로 꽃 모양을 만들어 올리거나 띠를 둘러 만들기도 한다.

삼색인절미

통찹쌀을 찌거나 가루를 내어 쪄서 안반이나 절구에 넣고 쳐서
고물을 묻혀 만든다. 고물이 쉬기 쉬운 여름에는
깨고물이나 콩고물이 좋고, 봄·가을·겨울에는 팥고물을 많이 사용한다.

재료 및 분량

찹쌀가루 5컵(500g), 설탕 5큰술(50g), 물 2.5큰술(45g), 소금 약간, 노란 콩가루(40g), 푸른 콩가루(40g),
흑임자가루(40g)

만드는 법

1. 찹쌀가루에 물 내리기를 하여 찜기에 면보를 깔고 찐다.
2. 절구에 1을 넣고 절구 공이에 소금물을 묻혀가며 꽈리가 일도록 골고루 치댄다.
3. 쟁반에 각각의 고물을 깔고 치댄 떡을 쏟아 넣고 밀어 적당한 크기로 썬다.
4. 썰어 놓은 떡이 뜨거울 때 노란 콩가루, 푸른 콩가루, 흑임자가루를 묻혀 낸다.

도움말

1. 인절미는 원래 찹쌀을 푹 쪄서 절구에 찧어 고물을 묻혀 만들지만 간편하게 찹쌀가루를 쪄서 만들기도 한다.
2. 굳은 인절미는 석쇠에 구워 먹으면 별미이다.

감단자

단자는 인절미보다 크기가 작고, 원래는 단독으로 쓰는 떡이 아니라
각색편의 웃기로 쓰였다. 고물로는 팥, 밤, 대추 등이 쓰이며,
섞는 재료에 따라 대추단자, 밤단자, 석이단자, 감단자, 유자단자 등으로 불린다.
감단자는 찹쌀가루에 물 대신 감을 넣어 찐 다음
꽈리가 일도록 쳐서 둥글게 빚어 거피팥고물을 묻힌 떡이다.

재료 및 분량

찹쌀가루 5컵(500g), 설탕 4큰술(40g), 연시 1개, 거피팥고물 2컵(240g)

만드는 법

1. 연시는 껍질을 벗기고 속을 체에 거른다.
2. 찹쌀가루와 연시를 고루 섞어 체에 내린다.
3. 체에 내린 쌀가루에 물 내리기를 하고 설탕을 섞어 김 오른 찜기에 20분간 찐다.
4. 쪄진 떡을 치대어 적당한 크기로 잘라 거피팥고물을 묻힌다.

도움말

1. 반죽을 빠르게 냉각시키기 위해 냉장고에 보관하는 것은 노화를 촉진하므로 냉동고 또는 실온에서 냉각시킨다.
2. 지방에 따라 붉은팥고물을 묻히기도 한다.

대추단자

참쌀가루에 대추 다진 것이나 대추고를 섞어 반죽하여
쪄서 친 다음 썰어 대추고물을 묻힌 떡이다.

재료 및 분량

참쌀가루 2컵(200g), 대추 8개, 물 1큰술(15g), 꿀 1큰술(18g), 대추 12개(고명용)

만드는 법

1. 참쌀가루에 다진 대추를 섞어 고루 버무린 후 물 내리기를 하여 찜기에 젖은 면보를 깔고 찐다.
2. 고명용 대추는 씨를 발라내고 곱게 채 썰어 찜기에 살짝 찐다.
3. 쪄 낸 떡을 절구에 넣어 꽈리가 일도록 친 후 꿀을 발라가며 대추알만큼씩 떼어 대추고물을 묻힌다.

석이단자

찹쌀가루에 석이가루를 섞어 반죽하여 쩌 오래 치대어
넓적한 모양을 만든 다음 작게 썰어 잣가루를 묻힌 떡이다.

찹쌀가루 2컵(200g), 석이가루 불린 것 1큰술(석이가루 1작은술, 끓는 물 1큰술, 참기름 약간), 물 1큰술(15g),
꿀 1큰술(18g), 잣가루 2/3컵(60g)

1. 찹쌀가루에 불린 석이가루를 섞어 고루 버무린 후 물을 넣어 찜기에 젖은 면보를 깔고 찐다.
2. 쪄 낸 떡을 볼이나 절구에 넣어 꽈리가 일도록 치댄다.
3. 도마에 꿀이나 소금물을 바른 뒤 0.8~1cm 두께로 펴서 썰어 꿀을 바르고 잣가루를 묻힌다.

삼색찹쌀떡

찹쌀가루에 천연색소로 물을 들여 쪄서 치댄 것에
팥앙금소를 넣어 둥글게 모양을 만들어 녹말가루를 묻혀
만든 떡으로 합격을 기원하는 의미를 지니고 있다.

재료 및 분량

찹쌀가루 6컵(600g), 물 3큰술(45g), 설탕 6큰술(60g), 붉은 팥 400g, 소금 1큰술(12g), 설탕 1컵(150g),
백년초가루(5~10g), 쑥가루(5~10g), 녹말가루(50g)

만드는 법

1. 붉은팥이 잠길 정도의 물을 붓고 끓여 그 물은 버리고 다시 넉넉하게 물을 부어 푹 무르게 삶은 후
   소금, 설탕을 넣고 볶아 여분의 수분을 제거하여 둥글게 팥소를 만든다.
2. 찹쌀가루에 설탕을 넣고 3등분하여 각각의 천연색소를 넣은 후 물 내리기를 한다.
3. 2의 찹쌀가루를 한 주먹씩 쥐어 김 오른 찜기에 넣고 20분 정도 찐다.
4. 쪄 낸 찹쌀가루를 볼에 넣고 소금물을 묻힌 방망이로 꽈리가 일도록 치댄다.
5. 치댄 찹쌀반죽을 20~30g씩 떼어 팥소를 넣고 둥글게 빚어 녹말가루를 입힌다.

오쟁이떡

찹쌀가루를 쪄서 오래 치대어 팥소를 넣고 오쟁이 모양으로
큼직하게 빚어 콩가루를 묻혀 만든 떡이다.

재료 및 분량

찹쌀가루 6컵(600g), 물 3큰술(45g), 설탕 6큰술(60g),

팥소 붉은 팥 1컵(165g), 소금 1작은술(4g), 설탕 3큰술(30g), 노란 콩가루 1/2컵(120g), 소금(1g)

만드는 법

1. 붉은팥은 깨끗이 씻어 일어 한 번 끓으면 물을 버리고, 다시 새 물을 넣고 푹 삶아 뜸을 들여 소금, 설탕으로 간한 뒤 절구에 찧어서 팥소를 둥글게 빚는다.
3. 찹쌀가루는 분량의 물로 버물버물 섞어 젖은 베 보자기를 깔고 찜통에 쪄서 절구에 넣고, 꽈리가 일도록 친다.
4. 찹쌀떡 반죽을 달걀 크기만큼 떼어 안에 팥소를 넣고 오므린 후 두께 3cm, 가로 7cm, 세로 4.5cm 정도의 모양으로 만든 다음, 노란 콩가루를 듬뿍 묻힌다.

[도움말]

1. 팥소는 팥을 푹 무르게 삶아 대충 찧어서 만든다.
2. 황해도를 중심으로 한 이북지방에서 즐겨 먹는 떡으로, 오쟁이는 씨앗을 담아 담벽에 걸어 놓는 새끼로 만든 망태기를 말한다.

삶 는 떡

삶는 떡은 반드시 끓는 물로 익반죽하며, 삶을 때에는 바닥에 눌러 붙지 않도록
한두 번 저어 준 후 찬물에 충분히 식혀야 모양을 유지할 수 있다.

오색경단 ✚ 수수팥경단 ✚ 오메기떡

오색경단

경단은 찹쌀가루를 익반죽하여 동그랗게 빚어 삶아
오색의 고명을 묻혀낸 떡이다.

찹쌀가루 5컵(500g), 끓는 물 10큰술(150g), 녹말가루 1/2컵(55g), 팥앙금소 120g, 푸른 콩가루 1/2컵(40g),
노란 콩가루 1/2컵(40g), 볶은 실깨 1/2컵(45g), 볶은 검정깨 1/2컵(50g), 붉은팥고물 1/2컵(50g)

만드는 법

1. 찹쌀가루는 끓는 물을 넣어 익반죽한다.
2. 팥앙금소는 직경 0.7cm 정도로 둥글게 빚는다.
3. 팥앙금소를 넣어 고물에 따라 직경 1.5~2cm 크기로 둥글게 경단을 빚는다.
4. 녹말가루를 묻혀 여분의 가루를 털어내고 끓는 물에 넣어 삶아 떠오르면 뜸을 들여 찬물에 담가 식힌
   후 건져서 물기를 뺀다.
5. 물기 뺀 경단을 각각의 고물 위에 굴려 골고루 묻힌다.

[도움말]

경단은 다양한 주재료와 고물을 사용함으로써 여러 가지 색을 표현할 수 있다. 사용 용도에 따라 고물의 종류나 색 배열에 변화를 주어 다양한 느
낌의 경단을 만들 수 있다.

수수팥경단

찰수수가루를 익반죽하여 둥글게 빚어 삶아
붉은팥고물을 묻힌 떡이다. 백일부터 9살까지 생일상에
이 떡을 해주면 액을 면할 수 있다는 풍습이 전해지고 있다.

재료 및 분량

차수수 5컵(900g), 소금 6g

고물 붉은 팥 2컵(330g), 설탕 4큰술(40g), 소금 6g

만드는 법

1. 차수수를 박박 비벼서 문질러 씻어 미지근한 물에 담가 붉은 물이 우러나면 3~4번 정도 물을 갈아
   주면서 떫은맛을 없애고 소쿠리에 건져 분량의 소금을 넣고 가루에 빻아 내린다.
2. 붉은 팥은 삶아서 소금을 넣고 찧은 다음 체에 내려서 설탕을 넣어 버무린다.
3. 차수수가루를 익반죽하여 조금씩 떼어내서 2cm 정도의 크기로 경단을 빚어 끓는 물에 삶아 냉수에
   헹군 다음 체에 밭쳐 물기를 빼고 붉은 팥고물을 묻힌다.

도움말

1. 미생물의 번식을 억제하고 경단의 탄력성을 높이기 위해 찬물에 재빨리 헹구어야 한다.
2. 온도가 뜨거울 때 공기 중에 오래 노출시키면 수분함량이 감소하여 떡의 질이 떨어질 수 있으므로 가능한 한 빨리 작업하여 수분 증발을 최대
   한 억제해야 한다.

오메기떡

쌀이 귀한 제주도에서는 메밀, 조, 보리, 고구마로 떡을 만들어 먹었는데,
오메기떡은 차조를 가루내어 구멍떡을 빚어 삶아 고물을 묻힌 떡이다.

재료 및 분량

차조가루 5컵(450g), 팥고물 2컵(230g), 소금 2g

만드는 법

1. 차조를 씻어 일어서 불렸다가 물기를 빼고 소금을 넣어 가루로 빻는다.
2. 차조가루에 끓는 물을 넣어 익반죽하여 지름 5~6cm가 되도록 구멍떡을 빚는다.
3. 냄비에 물을 넣고 끓으면 빚어 놓은 오메기떡을 넣어 삶아 떡이 익어 떠오르면 건진다.
4. 한 김 나가면 팥고물을 묻힌다.

도움말

팥고물 대신 콩고물을 묻히기도 한다.

지지는 떡

지지는 떡은 찰가루를 끓는 물로 익반죽하여 많이 치대야 표면이 곱고 쫄깃하다.
여러 가지 천연색소로 물을 들여 떡케이크 위에 장식용으로 사용하면 좋다.

화전 ＋ 찰수수부꾸미 ＋ 찹쌀부꾸미 ＋ 삼색주악 ＋ 개성주악 ＋ 산승

화전

화전은 찹쌀가루를 익반죽하여 둥글게 빚어
진달래꽃, 장미꽃, 국화꽃 등을 올려 지진 떡이다.
꽃이 없는 계절에는 대추와 쑥갓잎 등을 이용해 지져 먹기도 한다.

재료 및 분량

찹쌀가루 2컵(200g), 끓는 물 3~4큰술(45~60g), 식용 꽃 30g, 식용유, 설탕

만드는 법

1. 찹쌀가루에 각각의 천연색소를 넣고 잘 섞은 후 끓는 물을 넣고 익반죽하여 치대어 직경 4cm 정도
   의 크기로 동글납작하게 빚는다.
2. 식용 꽃은 씻어 수분을 제거한다.
3. 팬에 기름을 두르고 달궈지면 불을 약하게 하여 화전 반죽을 서로 붙지 않게 떼어 놓고 아래쪽이 익
   어 말갛게 되면 뒤집는다.
4. 익은 쪽에 식용 꽃을 붙여 모양을 낸다.
5. 접시에 설탕을 뿌린 후 **4**의 화전을 올리고 위에도 약간의 설탕을 뿌린다.

도움말

1. 반죽은 끓는 물로 익반죽하여 많이 치대야 몸이 곱다.
2. 봄에는 진달래꽃, 여름에는 장미꽃, 가을에는 국화꽃 등을 사용한다.
3. 꿀이나 시럽을 바르기도 한다.

찰수수부꾸미

찰수수가루를 익반죽하여 동글납작하게 빚어 양면을 지져 익힌 다음
팥소를 놓고 반달 모양으로 접어 붙인 떡이다.
1943년 《조선무쌍신식요리제법》에 '북꾀미'란 이름으로 처음 기록되어 있고,
1958년 《우리나라 음식 만드는 법》에 비로소 '부꾸미'라는 이름으로 표기되었다.

재료 및 분량

찰수수가루 3컵(270g), 찹쌀가루 1컵(100g), 식용유 50g, 거피팥 1.5컵(255g), 꿀 2큰술(36g), 계핏가루 2g, 소금 2g

만드는 법

1. 찰수수가루와 찹쌀가루를 섞어 체에 내려 끓는 물을 부어 익반죽 한 후 오래 치댄다.
2. 거피팥을 씻어 일어 거피하여 푹 무르게 쪄서 소금을 넣고 굵은체에 내려 꿀, 계핏가루을 섞어 작게 빚는다.
3. 반죽을 막대 모양으로 길게 밀어 원하는 크기로 잘라 동글납작한 모양으로 만든다.
4. 팬을 달구어 기름을 두르고 지져 양면을 익힌 후 가운데에 소를 놓고 반으로 접어 가장자리를 눌러 붙인다.

도움말

팬에 지질 때 한 번에 많은 양을 넣으면 익으면서 부피가 늘어나 서로 붙으므로 3~4개 정도씩 지진다.

찹쌀부꾸미

찹쌀가루를 익반죽하여 동글납작하게 빚어
양면을 지져 익힌 다음 팥소를 놓고 반달 모양으로 접어 붙인 떡이다.

찹쌀가루 3컵(300g), 붉은팥앙금 1/2컵(120g), 계핏가루 1g, 물엿 약간, 설탕 약간, 소금 약간, 식용유 50g, 대추 3개,
쑥갓(쑥)

1. 찹쌀가루에 끓는 물을 부어 익반죽을 한다.
2. 붉은팥을 무르게 삶아 앙금을 만들어 소금, 설탕, 물엿을 넣고 조려 계핏가루를 넣어 작게 빚는다.
3. 대추는 씨를 발라내고 돌돌 말아 꽃 모양으로 썰고, 쑥갓은 작은 잎만 따서 씻어 물기를 제거한다.
4. 반죽을 막대 모양으로 길게 밀어 원하는 크기로 잘라 동글납작한 모양으로 만든다.
5. 팬을 달구어 기름을 두르고 지져 양면을 익힌 후 가운데에 소를 놓고 반으로 접어 가장자리를 눌러
   붙인다.

도움말

1. 치자나 파래가루, 백년초가루 등으로 색을 내기도 한다.
2. 치자물은 물 1컵에 치자 4개를 쪼개어 10분 정도 우려서 고운체에 걸러 사용한다.

삼색주악

찹쌀가루를 익반죽하여 소를 넣고 빚어 기름에 지진 떡이다.
주로 떡을 고일 때 웃기로 쓴다.

재료 및 분량

찹쌀가루 3컵(300g), 소금 2g, 쑥가루 2~4g, 단호박가루 2.5~5g, 대추 10개, 계핏가루 2g, 꿀, 튀김기름, 설탕시럽

만드는 법

1. 찹쌀가루에 각각의 색을 내는 재료를 고루 섞고 끓는 물을 넣어 익반죽한다.
3. 대추씨를 발라내어 곱게 다져서 꿀과 계핏가루를 넣고 섞어 콩알만큼씩 빚는다.
4. 찹쌀 반죽을 밤톨만큼씩 떼어 둥글게 만들어 송편 빚듯이 구멍을 파서 소를 넣고 꼭꼭 오므려 빚는다.
5. 팬에 튀김기름을 붓고 140~150℃ 기름에서 튀겨 기름 망에 건져낸다.
6. 뜨거울 때 계핏가루를 섞은 설탕시럽에 담갔다가 망으로 건져 여분의 설탕시럽을 뺀다. 뜨거울 때 설탕을 뿌리거나 꿀에 즙청할 수도 있다.

도움말

1. 반죽할 때 보통 찹쌀가루 1컵당 끓는 물 2큰술이면 적당하다. 발색제를 사용하여 주악을 만들 경우 발색제를 끓는 물에 타거나 물을 끓일 때 함께 끓인 후 익반죽하면 된다.
2. 주악 반죽은 많이 주물러야 표면이 곱고 빚을 때 갈라지지 않는다.

개성주악

개성주악은 각색주악과 달리 송편처럼 빚지 않고 둥글게 빚어
위아래를 눌러 모양을 내며, 막걸리로 반죽하는 특징이 있으며
개성 지역에서 폐백이나 이바지 음식으로 사용한다.

재료 및 분량

찹쌀가루 5컵(500g), 밀가루 1/2컵(50g), 설탕 1/2컵(75g), 막걸리 1/2컵(100g), 끓는 물 2~3큰술(30~45g),
튀김기름, 대추 3개, 호박씨 약간
즙청시럽 조청 1컵(280g), 물 1/2컵(100g), 생강 15g

만드는 법

1. 찹쌀가루와 밀가루를 골고루 섞어 중간체에 내린 후 설탕을 섞는다.
3. 2의 가루에 막걸리를 넣어 섞은 후 끓는 물을 넣고 오래 치대어 반죽한다.
4. 반죽을 20~30g씩 떼어 직경 3cm, 두께 1cm로 빚어 가운데 부분을 위아래로 눌러 모양을 만든다.
5. 150℃ 기름에 서로 붙지 않도록 넣어 노릇하게 색을 내고, 속까지 익도록 튀긴다.
6. 조청에 물과 저민 생강을 넣고 거품이 날 때까지 끓여 식힌다.
7. 튀겨낸 주악을 즙청시럽에 담가 즙청한 후 여분의 시럽을 제거하고 작게 자른 대추나 호박씨로 장식
   한다.

도움말

1. 튀길 때 반죽을 한 번에 여러 개를 넣으면 서로 달라붙으므로 조금씩 넣고, 골고루 색이 나도록 뒤집어 가며 튀긴다.
2. 모양을 만들어 기름 바른 쟁반에 놓아야 떼기가 쉽다.

산승

찹쌀가루에 꿀을 넣고 익반죽한 뒤 세 뿔 모양으로 둥글게 빚어 기름에 지진 떡이다.
산승은 독특한 형태의 전병으로, 《음식방문》, 《시의전서》 등에 만드는 법이 기록되어 있다.
이들 문헌에 따르면 "잔치 산승은 작게 한다."고 하여 각종 잔치에 산승이 널리 쓰였음을 알 수 있다.

재료 및 분량

찹쌀가루 5컵(500g), 꿀 1/4컵(70g), 식용유 1컵 (180g), 꿀 1/4컵(70g), 잣가루 15g, 계핏가루 2g

만드는 법

1. 찹쌀가루에 꿀을 넣고 끓는 물로 익반죽한다.
2. 반죽한 것을 동그랗게 빚어 세 발 또는 네 발로 만든다. 이것의 각 끝을 다시 갈라 둥글게 만든 뒤 위를 오똑하게 한다.
3. 2를 기름에 지진다. 이때 너무 지지면 모양이 일그러지므로 살짝 지진다.
4. 지져 낸 떡에 잣가루와 계핏가루를 뿌린다.

도움말

1. 큰상차림에는 갖은 편 위의 가장자리를 주악으로 세 줄 돌리고, 가운데에 산승을 놓는다.
2. 산승은 주악처럼 여러 가지 색으로 하기도 하며, 잔치 산승은 작게 한다.

떡 케 이 크

서양식 케이크를 대신해 떡케이크를 사용하는 경우가 늘고 있는데,
천연 식재료를 활용해 만들기 때문에 우리 입맛에도 맞고 건강에도 좋다.
천연색소로 물들인 절편이나 앙금플라워로 장식해 멋을 더한
떡케이크는 먹는 즐거움뿐만 아니라 보는 즐거움까지 선사한다.

한 과 류

한과류 중 약과나 깨엿강정 등은 정확하게 계량해야 실패하지 않는다.
튀기는 한과의 경우 온도를 정확하게 맞추어야 하고,
튀겨낸 후에는 여분의 기름을 제거해야 느끼하지 않고 바삭한 제품을 만들 수 있다.
많은 양을 할 경우 반제품을 만들어 냉동실에 보관했다가
먹기 직전에 완성품을 만들면 시간을 절약할 수 있다.

삼색매작과 ✚ 개성약과(모약과) ✚ 깨엿강정 ✚ 견과류강정 ✚ 삼색쌀강정
호두강정 · 아몬드강정 ✚ 강정 ✚ 산자 ✚ 밤초 · 대추초 ✚ 율란 · 조란 · 생란 ✚ 당근란
연근정과 · 도라지정과 ✚ 다식 ✚ 오미자편 ✚ 포도과편

삼색매작과

밀가루에 소금과 생강즙을 넣어 반죽한 것을 얇게 썰어서
칼집을 넣고 뒤집어 모양을 내고, 기름에 튀긴 다음
꿀을 묻혀 잣가루와 계핏가루를 뿌린 과자이다.

재료 및 분량

밀가루 2컵(200g), 물 6큰술(90g), 소금 1/2작은술(2g), 쑥가루(파래가루) 1큰술(4g), 백년초가루 1큰술(4g),
생강 20g, 잣 10g

시럽 설탕 1컵(150g), 물 1컵(200g), 물엿 2큰술(36g)

만드는 법

1. 생강을 강판에 곱게 갈아 면보에 짜서 생강즙을 만든다.
2. 밀가루를 3등분한 후 각각 생강즙과 소금을 넣고 하나는 아무것도 안 넣고, 하나는 쑥가루, 하나는 백년초가루를 넣고 물을 넣어 되직하게 반죽한다.
3. 위의 반죽을 약 30분 정도 숙성시킨 후 밀대를 이용해 두께 약 0.1~0.2cm로 민 다음 세 가지 색의 반죽을 길이 5×2cm로 잘라 중앙에 칼집을 넣고 뒤집어 모양을 만든다.
4. 3을 약 150℃ 기름에 넣어 노릇하게 튀긴다.
5. 튀겨낸 매작과를 시럽에 담갔다가 망에 건져 여분의 시럽을 빼고 담는다.

시럽 만들기

1. 설탕과 물을 1:1 비율로 냄비에 넣어 중간 불에서 젓지 말고 끓인다.
2. 설탕이 녹으면 불을 줄이고 2/3분량이 될 때까지 끓인 후 물엿을 넣고 잘 섞은 후 불을 끈다.

도움말

1. 잣의 고깔을 떼고 젖은 행주로 닦아 칼날로 곱게 다져 만든 잣가루를 즙청한 매작과에 뿌리기도 한다.
2. 잣가루는 기름이 많으므로 고물을 묻힐 때는 손 대신 젓가락을 사용해야 덩어리지지 않는다.
3. 매작과는 얇게 밀어야 바삭하다. 기계로 반죽을 밀어 펼 때는 반죽이 질지 않게 주의한다.
4. 매작과를 미리 만들어 보관할 때는 집청하지 않고 밀봉해 냉장 보관한다.

개성약과(모약과)

약과는 대표적인 유밀과 중 하나로 차와 함께 고려시대에 특히 발달했다.
만드는 방법에 따라 만두과, 중박계, 대약과, 모약과, 연약과, 박계가 있다.

재료 및 분량

밀가루 5컵(500g), 소금 5g, 후춧가루 약간, 참기름 93g, 설탕시럽(꿀) 125g, 소주 113g

설탕시럽 설탕 1컵(150g), 물 1컵(200g), 물엿(꿀) 1큰술(18g)
즙청시럽 조청물엿 560g(2컵), 물 1/2~2/3컵(100~150g), 생강 20g
고명 대추, 호박씨 약간

만드는 법

1. 밀가루에 소금과 후춧가루, 참기름을 넣어 고루 비벼 체에 내린다.
2. 설탕과 물을 1:1로 섞어 끓으면 약한 불로 줄여 2/3로 줄면 물엿을 넣고 식혀 설탕시럽을 만든다.
3. 조청에 물과 저민 생강을 넣어 끓인 후 약한 불에서 5~10분간 더 끓여 식혀 즙청시럽을 만든다.
4. 1의 밀가루에 설탕시럽과 소주 섞은 것을 넣어 자르듯이 섞어 한 덩어리를 만든다.
5. 반죽을 밀대로 밀고 반으로 잘라 겹쳐 한 덩어리를 만들어 밀고 다시 잘라 겹쳐 밀기를 3번 정도 반복한다.
6. 반죽은 0.8~1cm 두께로 밀어 가로, 세로 3cm로 잘라 가운데에 칼집을 넣거나 꼬치로 찔러 튀길 때 속까지 잘 익도록 한다.
7. 100℃ 기름에서 켜가 충분히 일어나도록 튀긴 후 다시 140~160℃의 기름에 옮겨 갈색이 나도록 튀겨 건진다.
8. 튀겨 낸 약과의 기름을 충분히 제거한 후 즙청시럽에 담가 즙청한다.
9. 즙청한 약과를 건져 여분의 즙청시럽을 제거하고, 고명을 얹어 모양을 낸다.

도움말

1. 약과 반죽 시 많이 치대지 않아야 켜가 잘 생기고 바삭하다.
2. 약과를 포장할 때는 튀겨낸 후 키친타월을 두껍게 깔고 약과를 세워 1~2일 정도 기름을 충분히 뺀 후 3~4시간 즙청한 후 다시 2일 정도 말려서 포장해야 기름과 시럽이 흐르지 않는다.

주의사항

유밀과의 원리

1. 강력분은 단백질 함량이 높아 탄력성과 점성이 강하므로 유밀과에는 글루텐 함량이 적은 박력분이나 중력분을 사용하는 것이 좋다.
2. 밀가루에 넣는 참기름 양에 따라 튀겼을 때 부풀어 오르는 정도, 즉 켜가 살아나는 정도가 달라진다. 그러나 참기름의 양이 너무 많으면 튀기는 도중 약과가 풀어진다. 특히 한 덩어리로 반죽하여 약과틀에 눌러 찍는 다식과는 모양이 살아 있어야 하기 때문에 기름의 양을 줄여야 한다.
3. 참기름을 섞어 체에 내린 밀가루에 설탕시럽과 술을 넣고 반죽하는데, 이때 술은 튀겼을 때 약과가 위로 부풀게 하는 역할을 한다. 그러나 술의 양이 너무 많으면 약과가 공같이 부풀고, 균열 없이 반들반들해진다. 시럽은 약과의 질, 맛, 기공상태, 시럽의 흡수상태에 영향을 주는데 시럽의 양이 증가하면 글루텐의 결합을 방해해 부스러지기 쉽다.

깨엿강정

깨를 볶아서 시럽에 버무려 틀에 넣고 굳혀 자르거나 경단같이 뭉쳐 만든 과자로,
예전에는 엿을 녹여 만들었기 때문에 엿강정류에 속한다.
쌀이나 잣, 땅콩 등으로 만든 쌀엿강정, 잣박산, 땅콩강정 등이 있다.

재료 및 분량

볶은 참깨 2컵(200g), 볶은 검정깨 2컵(200g), 대추 3개, 잣 5g, 호박씨 5g, 해바라기씨 5g

시럽 물엿 1컵(280g), 설탕 2/3~1컵(100~150g), 물 3큰술(45g)

만드는 법

1. 대추와 잣은 젖은 면보로 닦고 호박씨와 해바라기씨는 살짝 볶아 고명으로 사용한다.
2. 냄비에 물엿, 설탕, 물을 넣고 시럽을 끓여 굳지 않도록 중탕하면서 이용한다.
3. 팬에 각각의 깨를 담아 살짝 볶아 따뜻하게 한다.
4. 따뜻하게 볶아진 깨 2컵에 시럽 6~7큰술을 넣어 약한 불에서 실이 보일 때까지 오래 볶는다.
5. 엿강정 틀에 식용유 바른 비닐을 깔고 볶은 깨가 식기 전에 쏟아 밀대로 얇게 밀어 편다.
6. 대추, 잣, 호박씨, 해바라기씨 등을 얹고 밀대로 밀어 장식하거나 시럽을 바르고 장식한다.

도움말

1. 엿강정은 쉽게 눅눅해지므로 바로 먹지 않는 것은 낱개로 포장해 상온에서 보관한다.
2. 깨를 살짝 볶아 따뜻하게 하는 것은 시럽과 잘 어우러지도록 하기 위해서이다.

견과류강정

땅콩, 아몬드 등의 견과류를 굵게 다져
물엿, 설탕, 물을 녹인 시럽에 버무려 틀에 굳혀 썰어 만든 과자이다.

땅콩 50g, 캐슈너트 50g, 통아몬드 50g, 해바라기씨 50g, 대추 3개, 시럽 3큰술, 식용유 약간

시럽　물엿 140g, 설탕 85g, 물 3큰술(45g), 소금 약간

1. 땅콩, 캐슈너트, 통아몬드, 해바라기씨를 굵게 다진 후 체에 쳐서 고운 가루는 털어낸다.
2. 냄비에 물엿, 설탕, 물, 소금을 넣고 끓인 뒤 굳지 않도록 중탕한다.
3. 1의 견과류 2컵을 팬에 넣고 볶아 따뜻하게 한 후 2의 중탕한 시럽 5~6작은술을 넣어 버무린다.
4. 3을 식용유 바른 비닐에 싸서 네모지게 모양을 잡고 평평하게 밀어 먹기 좋은 크기로 썬다.

삼색쌀강정

멥쌀을 고두밥으로 찌거나 삶아 말려 튀긴 후 설탕시럽을
넣고 섞어 굳혀서 자른 과자이다. '밥풀강정'이라 부르기도 한다.

재료 및 분량

멥쌀 4컵(640g)

시럽 설탕 1컵(150g), 물엿 1컵(280g), 물 3큰술(45g)

흰색 튀긴 쌀 5컵, 검정깨 1큰술(5g), 시럽 1/2컵
푸른색 튀긴 쌀 5컵, 쑥가루 1/2큰술, 물 1큰술, 시럽 1/2컵
붉은색 튀긴 쌀 5컵, 백년초가루 1/2큰술, 물 1큰술, 대추 5개, 시럽 1/2컵
노란색 튀긴 쌀 5컵, 치자물 1작은술, 유자 약간, 시럽 1/2컵

만드는 법

1. 쌀을 깨끗이 씻어 일어 5시간 이상 불린 후 쌀알이 퍼지기 직전까지 끓인다. 익힌 쌀을 체에 담아 뿌
   연 물이 안 나올 때까지 헹군 후 마지막 헹굼물에 소금을 녹여 3분 정도 담가 소금간을 한 다음 채반
   에 골고루 펴서 2일 정도 말린다.

2. 바싹 말린 밥알을 체에 담아 200℃ 기름에 3~4초간 튀겨 종이를 여러 겹 겹친 쟁반에 담아 기름기
   를 제거한다.

3. 쑥가루와 백년초가루는 물에 불리고 유자와 대추는 작게 다진다.

4. 흰색은 시럽을 팬에 담아 끓여 튀긴 쌀과 검정깨를 넣어 버무리고, 붉은색은 끓는 시럽에 불린 백년
   초가루를 넣어 섞은 뒤 튀긴 쌀과 대추를 넣어 버무린다. 푸른색은 끓는 시럽에 불린 쑥가루를 넣어
   섞은 뒤 튀긴 쌀을 넣어 골고루 버무리고, 노란색은 끓는 시럽에 치자물과 유자 다진 것을 넣어 섞은
   뒤 튀긴 쌀을 넣어 골고루 버무린다.

5. 4에서 버무린 각각의 쌀강정을 기름 바른 비닐에 쏟아 부어 밀대로 납작하게 밀어 편 다음 먹기 좋은
   크기로 썬다.

도움말

익힌 쌀을 말리는 도중에 밥알이 뭉치지 않도록 자주 저어 주고 바짝 마르면 밀대로 밀어 하나하나 떨어지게 한다.

호두강정 · 아몬드강정

호두와 아몬드 등의 견과류를 시럽에 넣고 조려서
시럽을 빼고 기름에 튀겨 만든 과자이다.

재료 및 분량

호두강정　호두 500g, 튀김기름 적당량
아몬드강정　아몬드 500g, 튀김기름 적당량
시럽　물 2컵(400g), 설탕 1컵(180g), 물엿 1/2컵(280g), 소금 약간

만드는 법

호두강정

1. 끓는 물에 호두를 데쳐낸 후 찬물에 헹구어 체에 밭쳐 물기를 제거한다.
2. 설탕과 물엿, 물을 냄비에 넣고 끓이다가 설탕이 완전히 녹으면 데친 호두를 넣고 윤기가 날 때까지 조린다.
3. 조린 호두를 체에 넣고 여분의 설탕시럽을 빼 준 다음 호두가 식기 전에 120~140℃의 온도에서 튀겨낸다.
4. 종이호일에 펼쳐서 식힌다.

아몬드강정

1. 설탕과 물엿, 물을 냄비에 넣고 설탕이 완전히 녹을 때까지 끓이다가 데친 아몬드를 넣고 윤기가 흐르도록 약한 불에서 10분가량 조린 다음 체에 밭쳐 남은 시럽을 빼준다.
2. 1의 아몬드를 140℃ 정도의 기름에 서서히 튀긴다.
3. 튀겨낸 아몬드는 종이호일을 깔아둔 커다란 쟁반에 따로따로 떼어서 펼쳐 식힌다.

도움말

튀김기름의 온도가 높으면 겉이 쉽게 탈 수 있으므로 기름의 온도 조절을 잘 하여야 한다.

강정

강정은 의례용 고임상에 반드시 올라가는 음식이고,
정초에 세찬음식으로 쓰이기도 하는데,
모양이 누에고치처럼 생겼다고 하여 '견병(繭餅)'이라고도 한다.
이 강정은 찹쌀가루에 술과 콩물을 섞어 반죽하여 쪄서 말린 다음
기름에 튀겨 세반·깨·잣가루 등의 고물을 묻힌 것으로
겉에 묻히는 고물에 따라 여러 가지 이름과 종류가 있다.

재료 및 분량

찹쌀 5컵(800g), 막걸리 2½컵(500g), 콩물 1컵(200g), 조청 2컵(560g), 다진 생강 1큰술, 세건반 1컵, 튀김용 기름

만드는 법

1. 찹쌀을 깨끗이 씻어 물과 막걸리 2컵을 섞은 것에 14~15일 정도 담가 두었다가 건져서 깨끗이 씻어 물기를 빼고 곱게 가루를 낸다.
2. 찹쌀가루에 콩물과 막걸리 1/2컵을 넣어 반죽하여 반대기를 지어 푹 찐다. 다 쪄지면 양푼에 쏟아 방망이로 꽈리가 일도록 오랫동안 젓는다.
3. 도마 위에 마른 찹쌀가루를 뿌리고 2의 찹쌀반죽을 두께 0.5cm 정도로 펴서 약간 굳힌 다음 길이 3cm, 넓이 0.5cm 정도로 썰어 따뜻한 곳에서 한지를 깔고 자주 뒤집어 가면서 말린다.
4. 말린 강정바탕을 90~100℃의 낮은 온도의 기름에 넣어 자주 저으면서 서서히 부풀리고 180~190℃의 기름에 옮겨 튀긴다.
5. 조청에 생강을 섞어 끓여 굳지 않게 한다.
6. 튀겨 낸 강정에 조청을 바르고 세건반을 고루 묻힌다.

[도움말]

고물은 세건반 외에 실깨, 흑임자, 파래가루 등을 이용한다.

*세건반: 쌀 튀밥을 싸락눈처럼 잘게 부순 것이다.

산자

강정바탕을 네모지게 썰어 말려 기름에 튀겨서
꿀이나 조청을 바르고 세건반·깨·잣가루 등의 고물을 묻힌 것이다.
산자는 겉에 묻히는 고물이나 반죽의 재료에 따라
매화산자·밥풀산자·묘화산자·메밀산자·연사과·빈사과 등
여러 가지 이름과 종류가 있다.

재료 및 분량

말린 강정바탕, 세건반, 튀김용 기름, 즙청시럽〔조청 2컵(560g), 다진 생강 20g, 물 50g〕

만드는 법

1. 말린 강정바탕을 90~100℃의 낮은 온도의 기름에 넣어 자주 저으면서 서서히 부풀린다. 부풀릴 때
   숟가락으로 누르면서 모양을 반듯하게 하고, 180~190℃의 기름에 옮겨 튀긴다.
2. 조청에 물과 다진 생강을 섞어 끓여 굳지 않게 한다.
3. 튀겨 낸 산자에 즙청시럽을 바르고 세건반을 고루 묻힌다.

도움말

1. 완성된 유과에는 대추채, 대추꽃, 비늘잣, 호박씨 등을 물엿이나 꿀로 붙여 고명을 올린다.
2. 포장할 때는 고명을 붙인 물엿이 마르도록 3~4시간 상온에서 건조한 후 포장한다.

밤초 · 대추초

'초'는 과수의 열매를 통째로 익혀 설탕과 소금, 물엿을 넣고
제 모양대로 조린 것으로 밤초·대추초가 있다.

밤초　밤 200g(15개), 물 2컵(400g), 설탕 100g, 소금 4g, 치자물 5g, 꿀 1큰술(18g), 잣가루 약간, 물엿 1큰술(18g)

대추초　대추 20개(70g), 물 1/2~3/4컵(100~150g), 설탕 2큰술(20g), 물엿 1큰술(18g), 소금 4g, 꿀 1큰술(18g),
　　　　　잣 2큰술(20g)

만드는 법

밤초

1. 밤은 껍질을 깨끗이 벗겨 물에 씻는다.
2. 물 2컵에 소금을 넣어 끓여 1~2분 정도 밤을 데쳐낸다.
3. 냄비에 물, 설탕, 소금, 치자물을 섞어 끓인다.
4. 3에 1의 밤을 넣고 물이 반쯤 줄었을 때 물엿을 넣고 조리다가 불 끄기 직전에 꿀을 넣는다.
5. 4를 체에 밭쳐 여분의 시럽을 제거하고 그릇에 담은 후 잣가루를 뿌린다.

대추초

1. 대추는 젖은 행주로 깨끗이 닦아 돌려깍기하여 씨를 빼낸다.
2. 냄비에 물, 설탕, 물엿, 소금을 넣고 끓인 후 대추를 넣어 조린다.
3. 마지막에 꿀을 넣고 조린 후 식힌다.
4. 조려진 대추초에 잣을 서너 개씩 채워서 원래의 대추 모양으로 만든다.

율란 · 조란 · 생란

'란'은 밤·대추·생강·당근 등의 실과(實果)를 익혀서
설탕·꿀·소금·계핏가루 등을 섞어 다시 본래 모양으로 빚어
잣가루나 계핏가루를 묻힌 것이다.

재료 및 분량

율란 밤 200g(15개), 소금 2g, 잣가루 2g, 계핏가루 2g, 꿀 2큰술(36g)
조란 대추 2컵, 설탕 2큰술(20g), 계핏가루 1g, 꿀 2큰술(36g), 물엿 18g, 소금 1g, 잣 20g
생란 생강 100g, 설탕 1/4컵(38g), 조청 1컵(280g), 꿀 1/2컵(140g), 잣가루 4~5큰술

만드는 법

율란

1. 밤은 씻어서 푹 무르도록 삶아 껍질을 벗겨 체에 내려 가루를 만든다.
2. 밤가루에 계핏가루와 소금, 꿀을 넣어 반죽한 후 원래 밤 모양으로 빚는다.
3. 잣은 젖은 면보로 닦아 고깔을 떼고 곱게 다져서 잣가루를 만든다.
4. 밤처럼 빚은 율란의 둥근 부분에 잣가루나 계핏가루를 묻혀 그릇에 담는다.

조란

1. 대추는 젖은 행주로 닦아서 먼지를 없애고 씨를 발라 낸 후 곱게 다지거나 분쇄기에 간다.
2. 냄비에 물과 설탕, 꿀, 물엿, 소금을 넣고 끓여 다진 대추를 넣고 조린다. 조려져 한 덩어리가 되면 계핏가루를 넣어 골고루 섞어 넓은 접시에 펴서 식힌다.
3. 조린 대추를 원래의 대추 모양으로 빚어 꼭지 부분에 통잣을 반쯤 나오게 박는다.

생란

1. 생강은 껍질을 벗겨서 잘게 썰어 믹서에 물을 넣고 곱게 간 다음 고운체에 밭쳐 즙을 짜내고 건더기는 물에 헹구어 매운맛을 없앤다. 생강즙은 30분 이상 방치하여 전분을 가라앉힌다.
2. 두꺼운 냄비에 생강 건더기와 물, 설탕, 소금을 넣어 끓이다가 물엿을 넣고 약한 불로 서서히 조리면서 거의 조려졌을 때 생강 녹말을 넣어 고루 섞어 한 덩어리가 되면 꿀을 넣어 잠시 더 조린다.
3. 한 김 나간 후에 조린 생강을 생강 모양으로 빚어 잣가루를 묻힌다.

도움말

1. 완성된 숙실과는 흔들리지 않게 케이스에 담아 포장한다.
2. 숙실과를 오래 보관할 때는 빚기 전 상태로 냉동 보관해 두었다가 꺼내어 빚는다.

당근란

당근란은 당근을 삶아 으깨어 설탕과 소금, 물엿을 넣고
한 덩어리가 될 때까지 조려 당근 모양으로 빚은 것이다.

재료 및 분량

당근 200g, 물 3컵(600g), 설탕 70g, 소금 1g, 물엿 1큰술(18g), 호박씨 10g

만드는 법

1. 당근은 깨끗이 씻어서 잘게 썰어 완전히 무를 때까지 삶는다.
2. 삶은 당근은 체에 밭쳐 물기를 제거하고 방망이로 대충 으깬다.
3. 2의 당근을 냄비에 넣고 설탕과 소금, 물엿을 넣고 한 덩어리가 될 때까지 조린 다음 접시에 펼쳐서
   식힌다.
4. 조린 당근이 식으면 당근 모양으로 만들어 호박씨로 장식한다.

연근정과 · 도라지정과

정과는 '전과(煎菓)'라고도 하는데, 수분이 적은 뿌리나 줄기, 또는 열매를
설탕·물엿·꿀 등을 넣어 오랫동안 조려 쫄깃쫄깃하고 달콤하게 만든 조과이다.
연근정과·도라지정과·생강정과·유자정과 등이 있다.

재료 및 분량

연근정과　연근 100g, 설탕 50g, 소금 1g, 물엿 1½큰술(27g), 꿀 1큰술(18g)
도라지정과　통도라지 100g, 설탕 50g, 소금 1g, 물엿 1큰술(18g), 꿀 1큰술(18g)

만드는 법

연근정과

1. 연근은 가는 것으로 골라 껍질을 벗겨 0.5cm 정도의 두께로 얇게 썬다.
2. 1의 연근을 식초를 넣은 물에 살짝 데친 후 찬물에 헹구어 건진다.
3. 냄비에 연근, 설탕, 소금을 넣고 자작자작할 정도의 물을 붓고 중간 불에서 뚜껑을 덮어 조린다.
4. 물기가 거의 없어지면 꿀을 넣어 마무리하고 체에 밭쳐 여분의 시럽을 제거한다.

도라지정과

1. 통도라지는 껍질을 돌려깎아 씻은 후 4~5cm 길이로 잘라 굵은 것은 4등분하고 가는 것은 2등분하
   여 끓는 소금물에 데쳐 찬물에 헹군다.
2. 냄비에 도라지와 설탕과 소금을 넣고 자작자작할 정도의 물을 부어 끓인다.
3. 끓기 시작하면 물엿을 넣고 약한 불에서 뚜껑을 덮고 투명한 색이 날 때까지 서서히 조린다.
4. 물기가 거의 없어지면 꿀을 넣어 윤기를 낸 다음 체에 밭쳐 여분의 시럽을 제거한다.

도움말

1. 시럽의 농도는 계절마다 달리하는데 보통 물엿 3컵에 설탕 1컵의 비율로 사용하고, 여름에는 설탕의 양을 늘리고 겨울에는 설탕의 양을 줄인다.
2. 정과는 조려서 체에 밭쳐 여분의 시럽을 제거하고 바로 담아도 되고, 정과의 종류에 따라 짧으면 1~2일, 길면 1주일 이상 말려서 설탕에 굴려
   낱개 포장해서 상자에 담는다.

주의사항

정과는 당류를 이용해 재료의 저장성을 높이는 원리는 같으나 사용되는 재료에 따라 만드는 방법이 조금씩 다르다. 연근, 인삼, 도라지, 생강 등과
같이 비교적 단단한 재료들은 설탕과 물을 넣어 충분한 시간을 갖고 조려야 투명하게 잘 조려지는 반면에, 호박, 감자, 고구마, 과일류 등은 오랜
시간 조리면 조직이 물러지거나 색이 변하는 등 품질이 저하되어 설탕과 물을 넣고 조리는 방법을 사용할 수 없으므로 시럽에 담가둔다.

다식

곡물가루나 한약재, 꽃가루 등에 꿀과 조청을 넣고 반죽하여
다식판에 박아서 모양을 낸 과자이다. 다식은 차에 곁들이거나 의례용으로 쓰였다.
주재료에 따라 흑임자다식, 콩다식, 송화다식, 승검초다식, 녹말다식, 밤다식, 쌀다식 등이 있다.

재료 및 분량

푸른 콩가루 1컵(70g), 꿀 4큰술(72g)
노란 콩가루 1컵(70g), 꿀 4큰술(72g)
흑임자가루 1컵(70g), 꿀 2∼3큰술(36∼54g)
송홧가루 1컵(50g), 꿀 4큰술(72g)

만드는 법

1. 푸른 콩과 노란 콩은 깨끗이 씻어 일어 찜기에 찐 다음 볶아서 소금 간을 하여 분쇄기에 갈아 고운
   체에 내린다.
2. 1의 콩가루에 꿀을 넣고 반죽하여 기름 바른 다식판에 박아낸다.
3. 흑임자는 씻어 일어 물기를 뺀 후 곱게 갈아 분량의 꿀을 반만 넣고 그릇에 담아 찜기에 20분 정도
   찐다. 그런 다음 나머지 꿀을 넣어 윤이 날 때까지 찧어 기름이 나오고 한 덩어리가 되도록 되직하게
   반죽하여 다식판에 기름을 얇게 바르고 박아낸다.
4. 송화다식은 송홧가루에 꿀을 넣어 살살 저어서 한 덩어리가 되도록 잘 섞어 기름 바른 다식판에 박아
   낸다.

도움말

1. 다식판에 박아낼 때는 기름칠을 얇게 하거나 랩 등을 깔고 해야 깨끗하게 떨어진다.
2. 오래된 다식판은 기름칠을 하지 않아도 잘 박아진다.
3. 다식을 포장할 때는 낱개로 포장하거나 칸막이가 있는 포장용기에 담아 이동 중 흔들리지 않게 한다.

오미자편

오미자를 물에 담가 붉게 우려내어 꿀이나 설탕, 녹말을 넣고
서로 엉기게 하여 식혀 굳힌 것을 썰어서 생률과 함께 담아낸 것이다.

재료 및 분량

오미자 1/2컵(20g), 물 4컵(800g), 녹두녹말 1/2컵(75g), 물 1/2컵(100g), 설탕 1컵(150g), 소금 1g, 밤 5개

만드는 법

1. 오미자는 물에 씻어서 찬물이나 끓여 식힌 물을 부어 하룻 동안 우려 낸 후 면보에 밭친다.
2. 녹두녹말을 같은 양의 물에 풀어 둔다.
3. 밤은 껍질을 벗겨 두툼하게 저민다.
4. 냄비에 오미자물과 설탕, 소금을 넣고 나무주걱으로 저으면서 약한 불에서 20분 정도 끓인 후 녹말 물을 넣어 투명하고 되직해지면 꿀을 넣어서 마무리한다.
5. 물을 바른 그릇에 **4**를 쏟아부어 굳힌다. 오미자편이 굳으면 썰어서 편으로 썬 생률에 얹어 담는다.

도움말

1. 녹두녹말 대신 동부녹말을 사용할 수도 있다.
2. 과편은 녹말을 넣어 만든 것이어서 노화가 빨리 진행된다. 따라서 만들고 나서 빠른 시간 안에 먹는 것이 좋다.

포도과편

포도과편은 포도의 즙을 내어 꿀이나 설탕을 넣어
조리다가 녹말물을 넣어 식혀서 굳힌 것이다.

포도 2송이(600g), 물 4컵(800g), 설탕 1/2컵(75g), 소금 1g, 녹두녹말 1/2컵(75g), 물 1/2컵(100g), 꿀 1큰술(18g)

만드는 법

1. 포도는 물에 깨끗이 씻어서 주물러 물을 넣고 끓여 체에 내린다.
2. 녹두녹말을 같은 양은 물에 풀어둔다.
3. 냄비에 포도즙과 설탕, 소금을 넣어 고루 섞어 나무주걱으로 저으면서 약한 불에서 20분간 끓인 후 녹말물을 넣어 투명하고 되직해지면 꿀을 넣어서 마무리한다.
4. 물을 바른 그릇에 3을 쏟아부어 굳힌다. 포도과편이 굳으면 모양틀로 찍어 내거나 썰어서 담는다.

음청류

음청류는 술을 제외한 기호성 음료로 한약재, 꽃, 열매, 잎, 뿌리, 곡물 등을 재료로 사용한다.
전통음료를 만들 때는 사기, 자기, 유리그릇을 사용해야 색이나 맛의 변화가 없다.

수정과(곶감쌈) ┼ 배숙 ┼ 식혜 ┼ 원소병 ┼ 유자차 ┼ 모과차 ┼ 대추차

수정과(곶감쌈)

수정과는 '수전과'라고도 하며 계피, 생강, 통후추를 달인 물에
설탕을 타서 차게 식힌 음료이다. 우리나라 특유의 음청류로
계피와 생강의 매운맛과 특유의 향, 곶감의 달콤한 맛이 일품이다.

재료 및 분량

생강 60g, 물 6컵(1.2kg), 통계피 50g, 물 6컵(1.2kg), 황설탕 1컵(140g), 곶감 3개, 호두 30g, 잣 약간

만드는 법

1. 생강은 껍질을 벗겨 얇게 편으로 썰고, 통계피는 적당히 잘라 깨끗이 씻는다.
2. 곶감은 꼭지를 떼고 반으로 갈라 씨를 빼고 호두를 넣어 꼭꼭 주물러 곶감쌈을 만든다.
3. 얇게 썬 생강에 물을 부어 끓으면 약한 불에서 30분 이상 끓여 면보에 거른다.
4. 계피에 물을 부어 끓으면 약한 불에서 30분 이상 끓여 면보에 거른다.
5. 생강과 계피 끓인 물을 합하여 황설탕을 넣고 5~10분 정도 더 끓여서 식힌다.
6. 그릇에 수정과를 담고 잣을 띄워서 낸다.

[도움말]

1. 곶감은 처음부터 달이거나 우리면 국물이 혼탁해진다.
2. 생강과 계피는 각각 끓여 합해야 고유의 맛과 향을 유지할 수 있다.
3. 잣은 젖은 면보로 닦고 고깔을 떼어낸다.

배숙

배숙은 배에 후추를 박아 꿀물이나 설탕물에 끓여 식힌 음료로
배와 후추의 약이성을 살린 음료이다.
배는 갈증이 심하거나 술 마시고 난 다음의 고갈증(枯渴症)에 매우 좋은 식품이고,
변비, 이뇨, 기침 등에도 좋다.

재료 및 분량

배 1개, 통후추 1/2큰술(5g), 물 6컵(1.2kg), 생강 50g, 설탕 1/2컵(75g), 꿀 1/2컵(140g), 잣 약간

만드는 법

1. 생강은 껍질을 벗겨서 얇게 썬 다음 물을 부어 끓으면 불을 줄여 약한 불에서 30분 이상 끓여 면보에 거른다.
2. 배는 크기에 따라 길이로 6등분 또는 8등분하여 껍질을 벗긴 후 씨 부분을 도려내고 큰 것은 삼각지게 썰고 작은 것은 길이대로 썰어서 각을 다듬어 등 쪽에 통후추를 세 개씩 박는다.
3. 끓인 생강 물에 모양 낸 배와 설탕을 넣고 불에 올려서 배가 투명하게 익으면 차게 식혀 그릇에 담고 잣을 띄운다.

도움말

1. 그릇에 배숙을 담을 때 유자즙과 잣을 곁들이면 좋다.
2. 배를 지나치게 많이 먹으면 뱃속이 냉해져서 오히려 소화불량이 생길 수도 있으므로 주의한다.

식혜

식혜는 엿기름물에 밥을 넣어 삭혀 설탕이나 꿀을 넣어 먹는 음청류로
감주(甘酒), 단술이라고도 하며, 엿기름에 들어 있는 전분분해효소의 작용으로
맥아의 독특한 맛과 향이 나고 소화에도 도움을 준다.

재료 및 분량

엿기름 2컵(160g), 물 15컵(3kg), 멥쌀 2컵(320g), 생강 20g, 설탕 1½(225g), 잣 10g

만드는 법

1. 엿기름은 미지근한 물에 2시간 정도 불린 후 바락바락 주물러 고운체에 밭쳐 윗물이 맑아질 때까지
   가라앉힌다. 엿기름의 윗물을 가만히 따르고 남은 앙금은 버린다.
2. 쌀은 되직하게 밥을 지어서 엿기름물과 섞어 보온밥통에 담아 5~6시간 정도 당화시킨다.
3. 밥알이 떠오르면 밥알만 건져 냉수에 헹구어 찬물에 담가 둔다.
4. 삭힌 엿기름물은 저민 생강과 설탕을 넣어 20분 정도 약한 불에 끓인다. 이때 떠오르는 거품과 찌꺼
   기를 걷어내고 식혀서 면보에 밭쳐 차게 보관한다.
5. 그릇에 밥알을 담고 식혜 국물을 담은 후 잣을 3~4알 띄운다.

도움말

1. 엿기름을 구입할 때 너무 오래되고 빛깔이 검은 것은 식혜를 탁하게 한다.
2. 찹쌀로 식혜를 할 경우 찜통에 젖은 면보를 깔고 1시간 정도 찐다.
3. 석류철에는 석류알을 띄우면 보기에 좋다.
4. 식혜의 당화 온도는 55~60℃이다.

원소병

원소병은 으뜸이 되는 떡이라는 뜻으로, 정월대보름날 찹쌀경단을
여러 가지 색으로 반죽하여 소를 넣고 달 모양으로 둥글게 빚어
오미자물이나 꿀물에 넣어 먹는 음청류이다.

재료 및 분량

찹쌀가루 2컵(200g), 치자물 약간, 백년초가루 약간, 오미자 40g, 대추 6개, 유자청건지 30g, 꿀 2큰술(36g),
계핏가루 1g, 녹말가루 3큰술(21.6g)

만드는 법

1. 찹쌀가루는 3등분하여 각각의 천연색소를 섞고 끓는 물을 부어 익반죽한다.
2. 대추와 유자청건지는 곱게 다져 계핏가루와 꿀을 넣어 직경 0.5cm 정도로 둥글게 빚어 소를 만든다.
3. 1의 반죽을 떼어 직경 1~1.5cm 정도로 둥글게 빚어 속을 파고 2의 소를 넣어 색색의 경단을 빚는다.
4. 경단에 녹말가루를 묻혀 여분의 가루를 털어내고 끓는 물에 삶아 찬물에 헹구어 건진다.
5. 삶아낸 떡을 그릇에 담고 오미자 우린 물과 꿀물을 넣고 잣을 올려 완성한다.

도움말

오미자를 빨리 우러나게 하려고 끓이거나 뜨거운 물을 부으면 쓴맛이 강해진다. 찬물이나 끓여 식힌 물에 하룻밤 정도 우려낸다.

유자차

유자를 깨끗이 씻어 물기를 제거하고 채 썰어서 설탕이나 꿀에 재워 저장했다가
음료로 사용하며, 비타민 C 함량이 높아 감기예방에 효과가 있다.

재료 및 분량

유자 500g, 설탕 500g, 설탕시럽(설탕 3컵(450g), 물 3컵(600g))

만드는 법

1. 유자는 껍질째 깨끗이 씻어 물기를 제거하고, 4등분하여 속 알맹이를 빼내고 껍질은 가늘게 채 썬다.
2. 냄비에 설탕과 물을 같은 양으로 붓고 1/2이 될 때까지 끓여 설탕시럽을 만든다.
3. 속과 껍질을 따로 그릇에 담아 설탕을 넣어 버무린다.
4. 설탕에 버무린 껍질과 속 알맹이를 꾹꾹 눌러 담고 설탕시럽을 잠기도록 부은 후 뚜껑을 꼭 덮어 서
   늘한 곳에 보관한다. 10일 정도 지나면 먹을 수 있다.

도움말
1. 유자는 식소다로 문질러 씻어 끓는 물에 살짝 데쳐서 불순물을 제거한다.
2. 유자껍질은 필러로 벗겨 말려서 떡에 이용하기도 한다.

모과차

모과는 모양은 울퉁불퉁하나 향기가 좋고,
끓여서 마시면 감기예방, 소화촉진, 기침해소에 좋다고 알려져 있다.

모과 500g, 설탕 500g, 잣 1큰술(10g)

1. 모과는 깨끗이 씻어 물기를 제거한 후 4등분하여 씨를 제거하고 얇게 썰어 같은 양의 설탕으로 버무려 소독한 병에 담아 여분의 설탕으로 위를 덮어 30일 이상 숙성시킨다.
2. 당절임한 모과에 물을 넣고 중간 불에서 30분가량 끓여 모과 맛이 우러나게 한다.
3. 찻잔에 모과차를 담고 잣을 띄운다.

대추차

비타민 C의 함량이 특히 많고 따뜻한 성질을 가지고 있어
감기예방과 혈액순환 개선에 도움을 주는 음청류이다.

재료 및 분량

대추 500g, 물 2kg, 찹쌀가루 3큰술

만드는 법

1. 대추는 깨끗이 씻어 돌려깍기하여 과육과 씨를 분리하고 물을 넉넉히 부어 중간 불에서 완전히 무르도록 고아 체에 내려서 껍질을 제거하고 대추고를 만든다.
2. 1의 대추고에 물에 갠 찹쌀가루를 넣어 끓이면서 오래 저어 윤기가 나게 하여 완성한다.
3. 찻잔에 2를 담고 대추고명을 얹어 낸다.

도움말

대추고는 냉장보관하고 먹을 때 찹쌀가루를 넣어 마무리한다. 장기간 보관할 경우 냉동보관한다.

청 류

'청'이란 과일이나 채소에 설탕을 거의 같은 양으로 넣어 만든 걸쭉한 즙으로
저장성이 좋고 음료로 마시거나 요리할 때 사용한다.
수분이 많은 배나 딸기, 양파 등과 같은 재료는 1:1.2의 비율로 하고,
수분이 적은 사과나 매실, 유자 등은 설탕의 비율을 1:1로 한다.
수분의 양이 매우 적은 솔잎, 고추 등은 물과 설탕을 1:1의 비율로 끓인 설탕시럽을 사용한다.
건지를 건진 청은 반드시 냉장보관해야 한다.

사과청 ＋ 배청 ＋ 생강청 ＋ 유자청 ＋ 마늘청 ＋ 양파청 ＋ 레몬청 ＋ 딸기청

사과청

재료 및 분량

사과 1kg, 흰설탕 1kg

만드는 법

1. 사과를 깨끗이 씻어 물기를 제거하고 껍질째 잘게 썬다.
2. 큰 볼에 사과와 설탕을 넣고 고루 버무려 설탕이 다 녹을 때까지 하루에 한 번씩 골고루 섞어준다.
3. 2를 소독한 유리병에 눌러 담아 시원한 곳에 보관하며 먹는다.

도움말

1. 사과를 잘게 썰수록 성분의 용출이 빠르다.
2. 3개월 후 건지는 건져서 고기요리에 사용하면 잡내를 없애준다.

배청

재료 및 분량

배 1kg, 설탕 1.2kg

만드는 법

1. 배를 깨끗이 씻어 물기를 제거하고 껍질을 벗겨 얇게 편으로 썬다.
2. 큰 볼에 배와 설탕을 넣고 고루 버무려 설탕이 다 녹을 때까지 하루에 한 번씩 골고루 섞어준다.
3. 2를 소독한 유리병에 눌러 담아 시원한 곳에 보관하며 먹는다.

도움말
3개월 후 건지를 건져서 불고기 요리 시 설탕 혹은 배즙 대신 사용하면 연육작용을 돕고 풍미를 높여준다.

생강청

재료 및 분량

생강 1kg, 흑설탕 1kg

만드는 법

1. 생강은 씻어서 껍질을 벗겨 원액 추출기로 즙을 짜서 흑설탕과 섞어 끓여서 식힌다.
2. 1을 가라앉혀 녹말을 제거하고 맑은 액체만 소독한 유리병에 담아 시원한 곳에 보관하며 먹는다.

도움말

즙을 짜낸 생강 건더기는 생강쿠키를 만들 때 사용하면 좋다.

생강쿠키 만드는 법

재료: 박력분 440g, 무염버터 240g, 흑설탕 240g, 계란 1개, 소금 2g, 베이킹소다 3g, 생강섬유질 40g, 계핏가루 4g

① 박력분, 소금, 베이킹소다를 체에 친다.
② 버터를 거품기로 저어 크림 상태로 만든 다음 흑설탕을 조금씩 넣어 가며 저어 준다.
③ ②에 달걀을 조금씩 넣어 저어 준 후 ①의 가루와 생강 섬유질을 넣고 가볍게 고루 섞어 쿠키 모양을 만든다.
④ 팬에 놓고 180℃의 오븐에 12분간 굽는다.

유자청

재료 및 분량

유자 1kg, 설탕 1kg

만드는 법

1. 유자를 깨끗이 씻어 끓는 물에 살짝 데쳐 찬물에 헹군 다음 얇게 채 썬다.
2. 큰 볼에 유자와 설탕을 넣고 고루 버무려 설탕이 다 녹을 때까지 하루에 한 번씩 골고루 섞어준다.
3. 2를 소독한 유리병에 눌러 담아 시원한 곳에 보관하며 먹는다.

도움말

1. 유자는 식소다로 문질러 씻어 끓는 물에 살짝 데쳐서 불순물을 제거한다.
2. 유자청은 쌀가루에 섞어 떡에 사용하거나 소스로도 활용할 수 있다.

마늘청

마늘 1kg, 흰설탕 1kg

만드는 법

1. 마늘은 깨끗이 씻어 물기를 제거하고 얇게 편으로 썬다.
2. 큰 볼에 마늘과 설탕을 넣고 고루 버무려 설탕이 다 녹을 때까지 하루에 한 번씩 골고루 섞어준다.
3. 2를 소독한 유리병에 눌러 담아 시원한 곳에 보관하며 먹는다.

보충설명 도움말

3개월 후 건져낸 건지는 고기요리나 생선요리에 사용하면 잡내를 제거해준다. 또한 각종 요리에 양념으로 사용해도 좋다.

양파청

재료 및 분량

양파 1kg, 흰설탕 1.2kg

만드는 법

1. 양파를 깨끗이 씻어 물기를 제거하고 껍질째 잘게 썬다.
2. 큰 볼에 배와 설탕을 넣고 고루 버무려 설탕이 다 녹을 때까지 하루에 한 번씩 골고루 섞어준다.
3. 2를 소독한 유리병에 눌러 담아 시원한 곳에 보관하며 먹는다.

도움말

3개월 후 건져낸 건지는 떡갈비 등의 요리에 사용하면 식감을 좋게 해준다.

레몬청

레몬 1kg, 흰설탕 1kg

1. 레몬을 깨끗이 씻어 물기를 제거하고 껍질째 얇게 썬다.
2. 큰 볼에 레몬과 설탕을 넣고 고루 버무려 설탕이 다 녹을 때까지 하루에 한 번씩 골고루 섞어준다.
3. 2를 소독한 유리병에 눌러 담아 시원한 곳에 보관하며 먹는다.

도움말

1. 레몬은 굵은소금으로 문질러 씻어 끓는 물에 살짝 데쳐서 불순물을 제거한다.

2. 3개월 후 건지는 건져서 소스나 각종 요리에 사용하면 좋다.

딸기청

딸기 1kg, 흰설탕 1.2kg

1. 딸기를 깨끗이 씻어 물기를 제거하고 얇게 썬다.
2. 큰 볼에 딸기와 설탕을 넣고 고루 버무려 설탕이 다 녹을 때까지 하루에 한 번씩 골고루 섞어준다.
3. 2를 소독한 유리병에 눌러 담아 시원한 곳에 보관하며 먹는다.

도움말

3개월 후 건지는 건져 조려서 잼이나 떡, 각종 요리에 사용하면 좋다.

퓨전떡 · 창업떡
만들기

퓨전떡 | 창업떡

퓨전떡

전통떡에 첨가하는 재료나 모양을 달리하여 현대인의 기호에 맞게 변형한 것이다.
전통떡에 익숙하지 않은 세대들과 넓게는 세계인들의 디저트로
사랑받을 수 있도록 다양한 제품이 개발되고 있다.

사과경단 ✚ 커피우유양갱 ✚ 커피미니떡케이크 ✚ 코코아떡케이크
초코쿠키설기 ✚ 채소설기떡 ✚ 보리떡머핀

사과경단

재료 및 분량

찹쌀가루 5컵(500g), 설탕 2큰술(20g), 딸기가루 1~2큰술(4~8g)

소 사과 1개, 설탕 50g, 계핏가루 약간
고물 코코넛가루 1컵

만드는 법

1. 사과를 굵게 다져 설탕과 계핏가루를 넣고 조린 후 식혀 소를 만든다.

2. 딸기가루를 물에 녹인 후 쌀가루에 넣고 잘 비벼서 체에 내린 후 끓는 물을 넣어 익반죽한다.

3. 적당량의 반죽을 떼어 소를 넣어 동그랗게 빚어 끓는 물에 삶아 찬물에 헹구어서 떡을 차게 식힌다.

4. 3을 체에 건져 물기를 제거하고 코코넛가루를 묻힌다.

도움말

가을철에 홍옥으로 사과정과를 만들어 사과경단의 받침으로 내면 보기도 좋고 맛도 좋다.

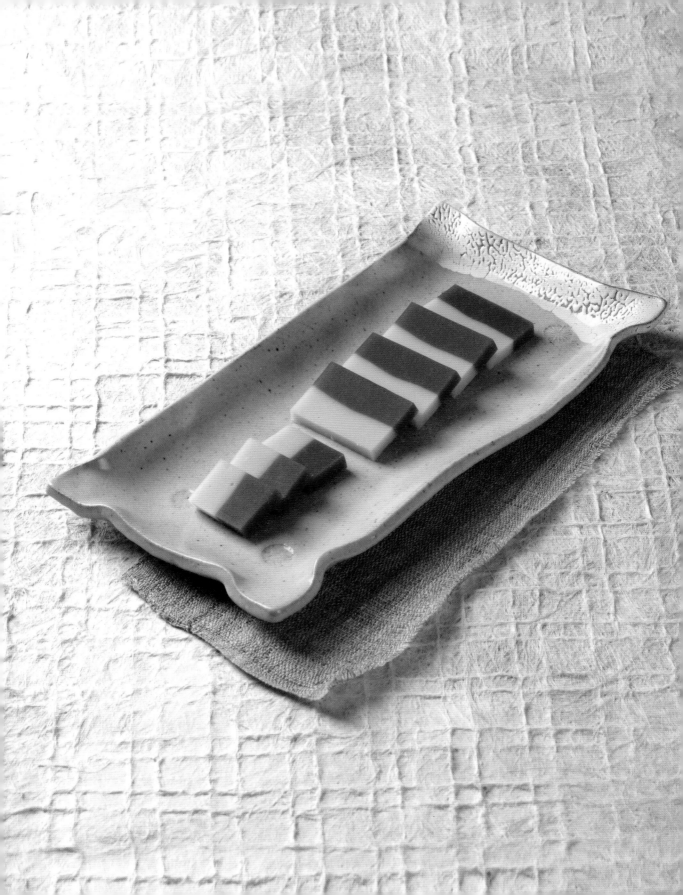

커피우유양갱

커피양갱 한천 10g, 물 2컵(400g), 설탕 50g, 소금 2g, 커피가루 2큰술(12g), 물 1/4컵(50g), 럼주 7.5g,
백앙금 500g, 물엿 50g

우유양갱 한천 10g, 물 2컵(400g), 설탕 50g, 소금 2g, 우유 1/4컵(50g), 럼주 7.5g, 백앙금 500g, 물엿 50g

만드는 법

1. 각각의 한천을 물에 10분 이상 물에 불린다.
2. 불린 한천을 센 불에서 잘 녹여준 후 설탕과 소금을 넣는다.
3. 설탕과 소금이 녹으면 커피양갱에는 분량의 물에 풀어둔 커피 엑기스를 넣고 우유양갱에는 분량의 우유를 넣는다.
4. 3에 각각 앙금을 넣고 엉키지 않도록 잘 저어서 풀어준다.
5. 중간 불에서 바닥에 눋지 않도록 잘 저어준 후 약한 불에서 거품이 없어질 때까지 저어준다.
6. 거품이 없어지고 윤기가 조금 돌면 럼주와 물엿을 넣어 마무리한다.
7. 커피양갱을 사각틀이나 몰드에 1/2 높이 정도 올라오게 넣고, 조금 식은 후에 우유양갱을 넣어 굳힌 다음 적당한 크기로 썬다.

[도움말]
한천은 반드시 찬물에 녹여서 가열해야 하며, 앙금의 농도에 따라서 물을 좀 더 넣어주기도 한다.

커피미니떡케이크

재료 및 분량

멥쌀가루 5컵(450g), 설탕 5큰술(50g), 커피 1큰술(6g)

만드는 법

1. 멥쌀가루에 물에 녹인 커피가루를 넣고 비벼준다.
2. 1의 쌀가루에 부족한 수분은 물로 조절해준다.
3. 2의 쌀가루를 체에 2~3번 내려준 후 설탕을 넣고 섞는다.
4. 실리콘 머핀틀에 쌀가루를 담아 김 오른 찜기에서 20분간 찌고 5분간 뜸들인다.

도움말

헤이즐넛, 아이라쉬 등 향커피를 사용하면 더욱 풍미가 좋다.

코코아떡케이크

재료 및 분량

멥쌀가루 5컵(450g), 코코아가루 2큰술(10g), 설탕 5큰술(50g), 슈가 파우더 약간

만드는 법

1. 멥쌀가루에 코코아를 넣고 체에 내린 다음 물을 넣어서 다시 중간체에 2~3번 내린다.
2. 코코아가루를 섞은 쌀가루에 설탕을 고루 섞는다.
3. 준비한 쌀가루를 사각 무스링에 안쳐 김 오른 찜기에 10분간 찐 후 틀을 빼내고 10분 더 쪄낸다.
4. 떡이 식은 후 체를 이용해 슈가 파우더를 뿌린다.

도움말
물 대신 우유를 넣어 물내리기를 하거나 초코칩이나 견과류를 다져 넣어도 좋다.

초코쿠키설기

멥쌀가루 6컵(540g), 초코쿠키 가루 8큰술(48g), 버터 1큰술(15g), 우유 6~7큰술(92~105g), 설탕 6큰술(60g),
초코칩 1큰술(15g)

만드는 법

1. 초코쿠키를 잘게 쪼개고 밀대로 밀어 가루를 만든다.

2. 멥쌀가루에 버터를 넣고 잘 비벼준 후 우유로 수분을 맞추어 체에 2~3번 내린다.

3. 체에 내린 쌀가루에 쿠키 가루, 초코칩, 설탕을 넣고 고루 섞는다.

4. 실리콘 머핀틀에 쌀가루를 넣은 후 김 오른 찜기에 안치고 20분 동안 찐 다음 5분간 뜸을 들인다.

[도움말]

쌀가루를 체에 내리기 전에 초코쿠키 가루를 넣어 내리기도 한다.

채소설기떡

멥쌀가루 5컵(450g), 물 3큰술(30g), 핫소스 2큰술(12g), 마요네즈 30g, 설탕 5큰술(50g), 볶은 채소(양파, 피망, 옥수수, 당근, 햄) 100g, 롤치즈 50g

1. 멥쌀가루에 물, 핫소스, 마요네즈를 넣고 잘 섞은 후 체에 2~3번 내린다.
2. 양파, 피망, 당근, 햄을 옥수수 크기로 잘라 팬에 버터를 두르고 양파가 투명해질 때까지 볶아서 넓은 그릇에 놓고 식힌다.
3. 체에 내린 쌀가루에 설탕을 넣고 잘 섞는다.
4. 찜기에 시루밑을 깔고 쌀가루 1컵을 고루 잘 편다. 롤치즈와 볶은 채소는 약간 남기고 쌀가루 2~3컵 정도와 잘 섞어 위에 넣고 평평하게 펴준다. 나머지 쌀가루를 넣어 고루 펴준 후 약간 남긴 볶은 채소를 위에 뿌려준다.
5. 가루 위로 김이 골고루 오르면 뚜껑을 덮어 20분 정도 찐 다음 5분간 뜸을 들인다.

보리떡머핀

재료 및 분량

보리떡 믹스 1.5kg, 생막걸리 400g, 물 900g, 건포도 · 강낭콩배기 · 완두배기 · 삶은 검은콩 적당량

만드는 법

1. 보리떡 믹스에 미지근한 막걸리와 물을 넣고 잘 섞는다.
2. 준비한 건포도 · 강낭콩배기 · 완두배기 · 삶은 검은콩을 1의 반죽에 넣고 버무리듯이 잘 섞어주고 조금 남겨 두었다가 찔 때 맨 위에 뿌릴 고명으로 사용한다.
4. 2의 반죽을 머핀컵에 2/3 정도만 채워 넣고 김이 오른 찜기에 넣고 20분 정도 쪄낸다.

도움말

막걸리는 꼭 효모가 살아 있는 생막걸리를 써야 하며 물 대신 우유를 넣으면 맛은 물론 영양적으로도 더욱 좋다.

창업 떡

우리 떡이 건강한 디저트로 각광을 받으면서 점차 떡에 대한 수요가 늘고 있다.
이에 따라 떡카페 창업 또한 늘고 있는데, 현대인의 입맛에 맞춰 전통떡에서는 사용하지 않았던
다양한 재료들을 접목해 젊은층의 눈길과 입맛을 사로잡고 있다.

자색고구마치즈케이크 ╋ 녹차찹쌀오븐케이크 ╋ 과일소스 경단 ╋ 찹쌀씨앗호떡 ╋ 체리소스 떡구이
곶감찹쌀구이 ╋ 유자소스 떡 샐러드 ╋ 레몬소스를 곁들인 떡 샐러드 ╋ 딸기 찹쌀떡
쌀쉬폰 ╋ 쌀마들렌 ╋ 후르츠 쌀파운드케이크 ╋ 구운 증편 리코타 샌드위치 ╋ 쌀팬케이크

자색고구마치즈케이크

재료 및 분량

자색고구마 150g, 멥쌀가루 5컵(450g), 설탕 3큰술(30g), 연유 2큰술, 블루베리 필링(캔) 450g,
필라델피아크림치즈 200g

만드는 법

1. 자색고구마를 쪄서 중간체에 내려 쌀가루와 섞는다.

2. 멥쌀가루에 설탕을 넣고 쌀가루를 1/2로 나누어 김이 오른 찜기에 넣어 15분간 각각 찐다.

3. 연유와 크림치즈를 섞어 휘핑한다.

4. 한 김 나간 떡 위에 휘핑한 크림치즈를 바른다.

5. 크림치즈 위에 블루베리 필링을 얹고 쪄 놓은 남은 떡을 얹는다.

6. 제철 과일을 이용해 장식한다.

도움말

자색고구마가 없을 때는 자색고구마 가루로 대체할 수 있으며 그때는 멥쌀가루 1컵당 물 1큰술로 수분을 조절한다.

녹차찹쌀오븐케이크

재료 및 분량

찹쌀가루 4컵(400g), 녹차가루 2작은술(3g), 소금(1g), 베이킹파우더 2작은술(5g), 설탕 3큰술(30g), 건포도 20g,
우유 2/3컵(144g), 소금 1g, 호박씨 · 해바라기씨 · 호두 50g씩

만드는 법

1. 찹쌀가루, 녹차가루, 소금, 베이킹파우더를 섞어 체에 내린다.
2. 견과류는 마른 팬에 살짝 볶아 굵게 다진다.
3. 1에 설탕을 넣어 고루 섞는다.
4. 설탕을 넣은 찹쌀가루에 우유를 섞어가며 농도를 맞춘다.
5. 위에 올릴 견과류를 남기고 4의 반죽에 견과류를 섞고 20cm 타르트팬에 종이 호일을 깔고 반죽을
   담는다.
6. 나머지 견과류를 위에 뿌린다.
7. 180℃로 예열한 오븐에서 30분간 굽는다.

도움말

1. 견과류 대신 완두배기를 한번 물에 씻어 사용해도 된다.
2. 가정용 토스터기도 사용 가능하다.
3. 반죽가루와 견과류는 한번 사용할 양만큼씩 포장해 두었다가 그때그때 사용하면 편리하다.

과일소스 경단

찹쌀가루 2컵(200g), 멥쌀가루 1/2컵(45g), 녹말가루 3큰술(21g)

과일소스 냉동체리 · 냉동딸기 · 냉동블루베리 각 100g, 설탕 100g, 물 1/2컵(100g), 소금 1/4작은술, 녹말가루 1큰술(7g)

만드는 법

1. 찹쌀가루와 멥쌀가루를 섞어 뜨거운 물로 익반죽한다.
2. 지름 1.5cm로 둥글게 빚어서 녹말가루를 묻힌 후 체에 넣고 여분의 녹말가루를 털어 낸다.
3. 경단을 끓는 물에 넣어 떠오른 후 10초 후에 건져 찬물에 담궜다가 식으면 건져 물기를 제거한다.
4. 냄비에 소스재료를 넣어 끓여 물전분으로 걸쭉한 농도를 만든다.
5. 접시에 경단을 담은 후 과일소스를 얹어 낸다.

[도움말]

1. 경단은 미리 만들어 냉동보관한 후 필요할 때마다 끓는 물에 필요한 양만큼 익혀 사용한다.
2. 과일소스는 미리 만들어 냉장하면 일주일간 보관이 가능하다.

찹쌀씨앗호떡

재료 및 분량

찹쌀가루 200g, 강력분 400g, 우유 350g, 드라이 이스트 14g, 소금 2작은술(8g)

호떡소 황설탕 1컵(140g), 계핏가루 2g, 녹말가루 2.5g, 건포도 50g, 각종 견과류 250g

만드는 법

1. 찹쌀가루와 밀가루, 소금을 섞어 체에 내린다.
2. 1의 체 친 가루를 드라이 이스트를 넣은 우유에 넣어 반죽한다.
3. 그릇에 담아 랩을 씌워 따뜻한 곳에서 50분 정도 발효시킨다.
4. 호떡소에 들어가는 견과류는 마른 팬에 볶아 식힌 후 다른 소재료와 고루 섞는다.
5. 부풀어 오르면 반죽을 눌러 가스를 빼준다.
6. 반죽을 달걀 크기 정도로 떼어 호떡소를 넣고 팬에 기름을 두른 후 구워준다.
7. 구운 호떡을 가위로 가른 후 견과류를 듬뿍 채워 접시에 낸다.

[도움말]

1. 호떡소에 녹말가루를 넣는 것은 설탕이 흐르는 것을 방지하기 위함이다.
2. 해바라기유를 사용하면 견과류와 잘 어울리고 훨씬 고소하다.

체리소스 떡구이

재료 및 분량

가래떡 200g

소스 체리 필링(캔) 100g, 블루베리 필링(캔) 100g

만드는 법

1. 가래떡은 4cm 길이로 잘라 칼집을 넣어 준다.
2. 가래떡을 석쇠에 굽는다.
3. 구운 떡의 칼집 사이사이에 소스를 뿌려 접시에 담고 구운 떡 위에 전체적으로 소스를 끼얹어 낸다.

도움말

가래떡에 칼집을 넣으면 소스와 잘 어우러지고 씹기가 편하다.

곶감찹쌀구이

찹쌀가루 1컵(100g), 멥쌀가루 1/2컵(45g), 막걸리 4큰술(60g), 설탕 2큰술(20g), 주머니곶감 10개

만드는 법

1. 찹쌀가루와 멥쌀가루를 섞은 후 설탕을 섞은 막걸리로 반죽을 한다.
2. 곶감은 꼭지를 떼어낸 후 반을 갈라 씨를 숟가락으로 긁어내어 깨끗이 정리한다.
3. 반 가른 곶감 안쪽에 녹말가루를 살짝 묻힌다.
4. 반죽을 대추 크기 정도로 떼어낸 후 녹말가루 묻힌 쪽에 채워 넣는다.
5. 기름 두른 팬을 중간 불에 올려 달군 후 찹쌀 붙인 쪽을 먼저 굽는다.
6. 반죽을 붙인 쪽이 투명해지면 뒤집어서 센 불에서 노릇하게 굽는다.

[도움말]

찹쌀 반죽 쪽을 구울 때 중간 불에서 굽다가 약한 불로 줄여서 타지 않게 한다.

유자소스 떡 샐러드

재료 및 분량

떡볶이 떡(가는 것) 300g, 유자청과 건지 100g, 치자 2개, 물 2컵(400g), 소금 1작은술(4g), 어린잎채소 200g,
파프리카(빨간색, 노란색) 각1/2개

만드는 법

1. 치자물을 우려내 떡볶이떡을 20분 정도 담궈 노란색 물을 들인다.
3. 어린잎채소는 씻어 물기를 제거하고, 파프리카는 사방 0.5cm의 주사위 모양으로 썬다.
4. 유자청은 잘게 다져 불에 올려 조린다.
6. 식힌 유자청과 파프리카를 섞어 떡과 버무린다.
7. 접시에 떡을 담고 어린잎채소를 얹어 낸다.

도움말

1. 어린잎채소는 찬물에 10분 정도 담궜다 씻어 물기를 뺀다.
2. 직접 담근 유자청은 양을 늘리고, 시판용 유자청은 양을 줄이면 단맛을 조절할 수 있다.
3. 구운 견과류나 크린베리를 곁들여도 좋다.

레몬소스를 곁들인
떡 샐러드

재료 및 분량

가래떡 또는 흰 절편 200g, 양상추 1/2통, 방울토마토 100g, 어린잎채소 50g, 견과류 30g

소스 레몬 1개, 레몬식초 2큰술(30g), 올리브유 2큰술(22g), 설탕 4큰술(40g), 소금 약간

만드는 법

1. 떡은 한 입 크기로 자른다.
2. 양상추는 깨끗이 씻어 손으로 먹기 좋은 크기로 뜯어 놓고 방울토마토는 씻어 반을 가른다.
3. 레몬은 반 가른 후 즙을 짜고 나머지 재료를 섞어 소스를 만든다.
4. 소스와 준비된 재료를 섞어 낸다.

도움말

1. 올리브유는 4큰술까지 첨가해도 부드럽고 좋다.
2. 완성 후 구운 견과류를 올려도 좋다.

딸기 찹쌀떡

재료 및 분량

찹쌀가루 5컵(500g), 설탕 2큰술(20g), 물 4큰술(60g), 딸기 10개, 붉은 팥앙금 1컵(240g), 녹말가루 1/2컵(55g)

만드는 법

1. 찹쌀가루에 설탕과 물을 섞은 후 한 주먹씩 쥐어서 김 오른 찜기에 올려 15분간 찌고 불 끄고 5분간 뜸을 들인다.
2. 찐 찹쌀가루를 그릇에 담아 위생장갑에 기름을 살짝 바른 후 치대어준다.
3. 딸기는 깨끗이 씻어 마른 수건으로 닦아 녹말가루를 묻힌 후 여분의 가루는 털어준다.
4. 녹말 묻힌 딸기를 팥앙금으로 감싸준다.
5. 찹쌀가루 반죽한 것을 달걀 크기로 떼어 펼친 후 팥앙금 묻힌 딸기를 감싸준다.
6. 손에서 굴려 둥글게 만들고 녹말가루를 묻혀준다.

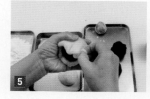 

도움말

1. 딸기 겉에 녹말가루를 묻혀야 팥소와의 결착력이 좋아진다.
2. 딸기 모양이 세로로 나올 수 있도록 썬다.
3. 계절 과일을 이용해서 다양하게 만들 수 있다.

쌀쉬폰

쌀가루(박력) 80g, 밀가루(중력분) 80g, 계란 노른자 8개, 설탕A 56g, 설탕B 131g, 물 75g, 식용유 78g, 베이킹파우더 10g, 계란흰자 8개, 설탕 131g

1. 계란 노른자에 설탕 56g을 넣어 잘 섞은 후 물과 식용유를 넣고 잘 섞는다.
2. 1에 체 친 중력분과 쌀가루, 베이킹파우더를 넣고 섞는다.
3. 계란 흰자를 휘핑하고 설탕 131g을 2회에 나누어 섞으면서 힘이 있는 머랭을 만든다.
4. 2에 3을 2회에 걸쳐 나누어 섞고 팬닝하여 175℃에서 30~45분간 굽는다.

[도움말]

쌀가루(박력) 100%로 해도 좋다. 머랭은 흐르지 않을 정도로 친다.

쌀마들렌

재료 및 분량

(약 25~28개분) 쌀가루(박력) 100g, 밀가루(박력분) 100g, 계란 200g, 설탕 200g, 소금 1g, 베이킹파우더 4g,
                    버터 200g, 레몬 1개

만드는 법

1. 버터는 녹여서 준비한다.
2. 계란에 소금과 설탕을 넣어 잘 섞어준다.
3. 2에 체 친 박력분과 쌀가루, 베이킹파우더와 레몬제스트를 넣고 고루 섞는다.
4. 3에 녹인 버터를 넣고 고루 섞는다.
5. 30분간 냉장 휴지시킨 후 짤주머니에 옮겨 담아 조개 모양 틀에 짜서 180℃ 오븐에 10~15분간 굽
   는다.

도움말

쌀가루(박력) 100%로 해도 좋다. 한꺼번에 만들어서 개별포장 상태로 냉동보관해 사용해도 좋다.

후르츠 쌀파운드케이크

쌀가루(박력) 130g, 밀가루(박력분) 130g, 계란 320g, 버터 239g, 소금 3g, 설탕 200g, 계핏가루 1g, 피칸 100g, 아몬드 50g, 호두 70g, 건크랜베리 80g, 오렌지 필 130g, 건포도 70g

만드는 법

1. 버터와 소금, 설탕을 잘 섞어 크림화한 후 계란을 3회에 나누어 섞어준다.

2. 계량한 박력분과 계핏가루, 쌀가루의 일부를 견과류와 잘 버무린다(반죽에 가라앉지 않도록 해준다).

3. 체 친 박력분과 쌀가루에 1을 넣어 잘 섞는다.

4. 2를 3에 넣어 잘 섞은 후 팬닝하여 175℃에서 30~45분간 굽는다.

도움말

버터 먼저 크림화한 후 소금, 설탕을 섞어 다시 크림화하면 반죽의 힘이 유지된다. 건조 과일을 사용해도 좋다.

구운 증편 리코타 샌드위치

사각증편(시판용, 20×20cm) 1장, 리코타치즈 60g, 양상추 20g, 파프리카 20g, 어린잎채소 20g, 마요네즈 38g, 디종머스터드 4g, 설탕 6g, 포도씨유 약간

1. 사각증편 1장을 반으로 자른 후 자른 면을 포도씨유 바른 팬에 노릇하게 굽는다.
2. 구운 조각 한 장의 안쪽 면에 마요네즈, 디종머스타드, 설탕을 잘 섞어 바르고, 다른 한 장의 안쪽 면에는 리코타치즈를 발라 둔다.
3. 두 장의 증편 사이에 양상추, 파프리카, 어린잎채소를 넣는다. 토마토를 곁들여도 좋다.

[도움말]

리코타치즈 만들기

① 우유 1,000mL, 생크림 500mL, 소금 1작은술, 설탕 7작은술을 함께 넣고 설탕 소금이 잘 녹도록 저어준다.
② 약한 불에서 가열하여 끓어오르면 레몬 5~6큰술을 넣어 살짝 젓는다.(식초사용가능)
③ 15~20분 정도 약한 불에서 끓여 체에 면보를 깔고 걸러 완성한다.

쌀팬케이크

멥쌀가루 3컵(270g), 설탕 70g, 베이킹파우더 10g, 우유 150g, 계란 2개, 딸기 · 바나나 200g, 생크림 180g, 소금 1g

만드는 법

1. 멥쌀가루와 소금, 설탕, 베이킹파우더를 두 번 체에 내린다.
2. 계란을 풀어주고 우유를 섞어 체에 친 1의 가루를 넣어 잘 섞는다.
3. 팬에 오일 코팅 후 한 국자를 떠 넣어 약한 불에서 한 면을 익히고 뒤집어 나머지 면을 익힌다.
4. 세 겹의 팬케이크 사이에 과일을 넣고 생크림을 휘핑해서 올린다.

도움말

1. 과일은 딸기 · 바나나 외에 다양한 제철과일을 이용하면 좋고, 단맛이 적은 과일은 설탕시럽에 조려서 사용한다.
2. 생크림 외에 메이플 시럽이나 아가페 시럽을 뿌려도 좋다.

NCS 떡 제조사

떡 제조사의 정의

떡 제조는 고객가치에 부합하는 고품질의 떡류제품을 제공하기 위해 효율적이고 체계적인 기술과 생산계획을 수립하여 경영, 판매, 생산, 위생 및 관련 업무를 실행하는 일이다.

NCS 세분류	능력단위	자격종목					
		떡 제조사_L2			떡 제조사_L3		
		필수	선택적 필수	선택	필수	선택적 필수	선택
떡 제조	볶는 고물류 만들기	√					
	삶는 고물류 만들기	√					
	찌는 고물류 만들기	√					
	인절미 만들기	√					
	설기떡류 만들기	√					
	켜떡류 만들기	√					
	가래떡 만들기			√			
	절편류 만들기			√			
	빚어 찌는 떡류 만들기			√			
	안전관리			√			
	위생관리			√			
	경단류 만들기					√	
	단자류 만들기					√	
	꽃전 만들기					√	
	부풀려 찌는 떡 만들기					√	

개피떡류 만들기				√	
약밥 만들기				√	
산승 만들기					√
주악 만들기					√
부꾸미 만들기					√
떡공예					√
생산관리					√

자격종목명	필수능력단위			선택능력단위		
	능력 단위명	수준	시간	능력 단위명	수준	시간
떡 제조사_L2	볶는 고물류 만들기	2	60	가래떡 만들기	2	30
	삶는 고물류 만들기	2	60	절편류 만들기	2	30
	찌는 고물류 만들기	2	60	빚어 찌는 떡류 만들기	2	60
	인절미 만들기	2	60	안전관리	2	60
	설기떡류 만들기	2	60	위생관리	2	60
	켜떡류 만들기	2	60			
계(시간)			360			240
떡 제조사_L3	경단류 만들기	3	60	산승 만들기	3	45
	단자류 만들기	3	90	주악 만들기	3	45
	꽃전 만들기	3	45	부꾸미 만들기	3	45
	부풀려 찌는 떡 만들기	3	90	떡공예	4	60
	개피떡류 만들기	3	60	생산관리	5	45
	약밥 만들기	3	60			
계(시간)			405			240

프로그램명(자격종목) 및 교육훈련 수준·시간 ①

프로그램명(자격종목)	수준	교육훈련시간	
		Off-JT	OJT
떡 제조사_L2	L2	240시간(40%)	360시간(60%)

교육훈련내용

필수/ 선택적 필수/ 선택	NCS 능력단위			
	능력단위명 (능력단위 코드)	능력단위 요소	교육훈련 시간 (Off-JT & OJT)	교과목(안)
필수	볶는 고물류 만들기 (2102010318_13v1)	1. 볶는 고물류 재료 준비하기	60	고물류 만들기
		2. 볶는 고물류 재료 계량하기		
		3. 볶는 고물류 볶기		
		4. 볶는 고물류 빻기		
		5. 볶는 고물류 마무리하기		
필수	삶는 고물류 만들기 (2102010317_13v1)	1. 삶는 고물류 재료 준비하기	60	
		2. 삶는 고물류 재료 계량하기		
		3. 삶는 고물류 삶기		
		4. 삶는 고물류 마무리하기		
필수	찌는 고물류 만들기 (2102010316_13v1)	1. 찌는 고물류 재료 준비하기	60	
		2. 찌는 고물류 재료 계량하기		
		3. 찌는 고물류 찌기		
		4. 찌는 고물류 마무리하기		
필수	인절미 만들기 (2102010309_13v1)	1. 인절미 재료 준비하기	60	인절미 만들기
		2. 인절미 재료 계량하기		
		3. 인절미 빻기		
		4. 인절미 찌기		
		5. 인절미 성형하기		
		6. 인절미 마무리하기		
필수	설기떡류 만들기 (2102010301_13v1)	1. 설기떡류 재료 준비하기	60	설기떡류 만들기
		2. 설기떡류 재료 계량하기		
		3. 설기떡류 빻기		
		4. 설기떡류 찌기		
		5. 설기떡류 마무리하기		

필수	켜떡류 만들기 (2102010302_13v1)	1. 켜떡류 재료 준비하기	60	켜떡류 만들기
		2. 켜떡류 재료 계량하기		
		3. 켜떡류 빻기		
		4. 켜떡류 두류 삶기		
		5. 켜떡류 켜 안치기		
		6. 켜떡류 찌기		
		7. 켜떡류 마무리하기		
선택	가래떡 만들기 (2102010306_13v1)	1. 가래떡류 재료 준비하기	30	가래떡 및 절편 만들기
		2. 가래떡류 재료 계량하기		
		3. 가래떡류 빻기		
		4. 가래떡류 찌기		
		5. 가래떡류 성형하기		
		6. 가래떡류 마무리하기		
선택	절편류 만들기 (2102010307_13v1)	1. 절편 재료 준비하기	30	
		2. 절편 재료 계량하기		
		3. 절편 빻기		
		4. 절편 찌기		
		5. 절편 성형하기		
		6. 절편 마무리하기		
선택	빚어 찌는 떡류 만들기 (2102010303_13v1)	1. 빚어 찌는 떡류 재료 준비하기	60	빚어 찌는 떡류 만들기
		2. 빚어 찌는 떡류 재료 계량하기		
		3. 빚어 찌는 떡류 빻기		
		4. 빚어 찌는 떡류 반죽하기		
		5. 빚어 찌는 떡류 빚기		
		6. 빚어 찌는 떡류 찌기		
		7. 빚어 찌는 떡류 마무리하기		
선택	안전관리 (2102010322_13v1)	1. 개인 안전 준수하기	60	떡 제조 업체의 안전관리
		2. 화재 예방하기		
		3. 도구 · 장비 · 안전 준수하기		
선택	위생관리 (2102010321_13v1)	1. 개인 위생 관리하기	60	떡 제조 업체의 위생관리
		2. 가공기계 · 설비위생 관리하기		
		3. 작업장 위생 관리하기		

프로그램명(자격종목) 및 교육훈련 수준·시간 ②

프로그램명(자격종목)	수준	교육훈련 시간	
		Off-JT	OJT
떡 제조사_L3	L3	285시간(44.2%)	360시간(55.8%)

교육훈련내용

필수/ 선택적 필수/ 선택	NCS 능력단위			
	능력단위명 (능력단위 코드)	능력단위 요소	교육훈련 시간 (Off-JT & OJT)	교과목(안)
필수	경단류 만들기 (2102010315_13v1)	1. 경단류 재료 준비하기	60	경단류 만들기
		2. 경단류 재료 계량하기		
		3. 경단류 빚기		
		4. 경단류 삶기		
		5. 경단류 마무리하기		
필수	단자류 만들기 (2102010310_13v1)	1. 단자류 재료 준비하기	90	단자류 만들기
		2. 단자류 재료 계량하기		
		3. 단자류 빚기		
		4. 단자류 찌기		
		5. 단자류 성형하기		
		6. 단자류 마무리하기		
필수	꽃전 만들기 (2102010311_13v1)	1. 꽃전 준비하기	45	지지는 떡류 만들기
		2. 꽃전 재료 계량하기		
		3. 꽃전 빚기		
		4. 꽃전 지지기		
		5. 꽃전 마무리하기		
필수	부풀려 찌는 떡 만들기 (2102010304_13v1)	1. 부풀려 찌는 떡 재료 준비하기	90	부풀려 찌는 떡 만들기
		2. 부풀려 찌는 떡 재료 계량하기		
		3. 부풀려 찌는 떡 빚기		
		4. 부풀려 찌는 떡 발효하기		

		5. 부풀려 찌는 떡 찌기		
		6. 부풀려 찌는 떡 마무리하기		
필수	개피떡류 만들기 (2102010308_13v1)	1. 개피떡류 재료 준비하기	60	개피떡류 만들기
		2. 개피떡류 재료 계량하기		
		3. 개피떡류 빻기		
		4. 개피떡류 찌기		
		5. 개피떡류 성형하기		
		6. 개피떡류 마무리하기		
필수	약밥 만들기 (2102010305_13v1)	1. 약밥 재료 준비하기	60	약밥 만들기
		2. 약밥 재료 계량하기		
		3. 약밥 혼합하기		
		4. 약밥 찌기		
선택	산승 만들기 (2102010314_13v1)	1. 산승 재료 준비하기	30	지지는 떡류 만들기
		2. 산승 재료 계량하기		
		3. 산승 빻기		
		4. 산승 지지기		
		5. 가래떡류 마무리하기		
선택	주악 만들기 (2102010313_13v1)	1. 주악 재료 준비하기	45	
		2. 주악 재료 계량하기		
		3. 주악 빻기		
		4. 주악 지지기		
		5. 주악 마무리하기		
선택	부꾸미 만들기 (2102010303_13v1)	1. 부꾸미 재료 준비하기	45	빚어 찌는 떡류 만들기
		2. 부꾸미 계량하기		
		3. 부꾸미 빻기		
		4. 부꾸미 지지기		
		5. 부꾸미 마무리하기		
선택	떡공예 (2102010319_13v1)	1. 떡공예 디자인 구성하기	60	떡공예
		2. 떡공예 재료 준비하기		
		3. 떡공예 성형하기		
		4. 떡공예 장식하기		

선택	생산관리 (2102010320_13v1)	1. 생산계획 수립하기	45	떡 제조 업체의 생산관리
		2. 생산실적 관리하기		
		3. 재고 관리하기		
		4. 생산성 관리하기		

강인희 지음, 《한국의 떡과 과줄》, 대한교과서, 1997.

한복려 지음, 《쉽게 맛있게 아름답게 만드는 떡》, 궁중음식연구원, 2007.

이철호·김선영 지음, 〈한국전통음료에 관한 문헌적 고찰 - 전통음료의 종류와 제조방법〉, 《한국식
　　　문화학회지》 6(1), 1991, 43~53쪽.

한국 떡 연구회 지음, 《떡 제조기술 : 떡집 창업을 위한 기본 필독서 I》, 비앤씨월드, 2013.

정길자 외 지음, 《한국의 전통병과》, 교문사, 2010.

홍진숙 외 지음, 《식품재료학》, 교문사, 2012.

한국의 맛 연구회 지음, 《전통 건강 음료》, 대원사, 1996.

홍태희 외 지음, 《New 식품재료학》, 지구문화사, 2011.

송태희 외 지음, 《이해하기 쉬운 조리과학》, 교문사, 2011.

한복려 지음, 《쉽게 맛있게 아름답게 만드는 한과》, 궁중음식연구원, 2007.

김수인 지음, 《한식디저트 - 떡·한과·음청류》, 파워북, 2015.

윤숙자 지음, 《한국의 떡·한과·음청류 - 전통의 맛과 멋》, 지구문화사, 2006.

최은희 외 지음, 《떡의 미학》, 백산출판사, 2008.

서유구 지음, 이효지 외 편역, 《임원십육지 정조지》, 교문사, 2007.

전순의 지음, 한복려 엮음, 《다시 보고 배우는 산가요록》, 궁중음식연구원, 2007.

안동 장씨부인 지음, 한복려·한복선·한복진 엮음, 《다시 보고 배우는 음식디미방》, 궁중음식연구
　　　원, 2000.

윤숙자 엮음, 《요록》, 질시루, 2008.

유중림 지음, 윤숙자 엮음, 《증보 산림경제》, 지구문화사, 2005.

빙허각 이씨 지음, 정양완 엮음, 《규합총서》, 보진재, 2008.

지은이 미상, 이효지 외 엮음, 《시의전서》, 신광출판사, 2004.

이성우, 《한국식경대전》, 향문사, 1981.

이성우, 《한국고식문헌집성》, 수학사, 1992.

이용기, 《다시 보고 배우는 조선무쌍 신식요리제법》, 궁중음식연구원, 2001.

국가직무능력표준 http://www.ncs.go.kr

다음백과사전, 두산백과, 한국민족문화대백과사전

저자 소개

이현정
고려대학교 식품공학과 이학석사
세종대학교 조리외식경영학과 조리학박사
배화여자대학교 전통조리과 겸임교수
중요무형문화재 모니터링사업 위촉위원
힐링메뉴 자문위원

김경희
숙명여자대학교 전통식생활문화전공 석사과정
키친블라썸쿠킹스튜디오 대표
한겨레고등학교 조리과 강사
힐링메뉴 자문위원

노영옥
숙명여자대학교 전통식생활문화전공 석사과정
힐링메뉴 자문위원
매뉴개발 및 창업컨설팅
(부암동 가는 길, 오월 이야기, 완도, 완주, 햇살 아래 테이블 등)

장호선
숙명여자대학교 전통식생활문화전공 석사과정
강북문화예술회관 '참 쉬운 우리 떡' 강사
상계중학교 평생교육과정 강사

우리 디저트
떡·한과·음청류

2016년 4월 12일 초판 인쇄 | 2024년 1월 20일 3쇄 발행

지은이 이현정·노영옥·김경희·장호선 | **펴낸이** 류원식 | **펴낸곳 교문사**

편집부장 성혜진 | **책임진행** 김보라 | **디자인** 신나리 | **본문편집** 벽호미디어

주소 (10881)경기도 파주시 문발로 116 | **전화** 031-955-6111 | **팩스** 031-955-0955
홈페이지 www.gyomoon.com | **E-mail** genie@gyomoon.com
등록 1968. 10. 28. 제406-2006-000035호
ISBN 978-89-363-1564-1(03590) | **값** 22,000원